Wolfgang Hörner
Porsche

Wolfgang Hörner

PORSCHE

ALLE AUTOMOBILE SEIT 1948

GeraMond

Impressum · Dank · Quellenverzeichnis

Produktmanagement: Martin Distler
Schlusskorrektur: Helga Peterz
Satz: Elke Mader
Repro: Cromika, Verona
Umschlaggestaltung: Thomas Uhlig
Herstellung: Thomas Fischer
Printed in Italy by Printer Trento S.r.l.

Für Hinweise und Anregungen sind wir jederzeit dankbar. Bitte richten Sie diese an:
GeraMond Verlag
Lektorat
Postfach 40 02 09
D-80702 München
E-Mail: lektorat@verlagshaus.de

Die Deutsche Nationalbibliothek verzeichnet diese Publikation in der Deutschen Nationalbibliografie; detaillierte bibliografische Daten sind über http://dnb.d-nb.de im Internet abrufbar.

ISBN 978-3-7654-7741-6

Dank und Quellenverzeichnis
Ein Werk wie dieses wäre ohne die freundliche Unterstützung der Dr. Ing. h.c. F. Porsche AG undenkbar. Mein Dank gilt deshalb allen, die im Rahmen ihrer Tätigkeit für die Presse- und Öffentlichkeitsarbeit direkt oder indirekt zum Gelingen dieses Buchs beitrugen. Stellvertretend für die vielen Personen, mit denen ich als Motorjournalist in den vergangenen 15 Jahren bei Porsche zu tun hatte, danke ich Christian Dau, Hans-Gerd Bode, Eckhard Eybl, Oliver Hilger, Hermann-Josef Stappen, Dieter Landenberger, Anton Hunger und Jürgen Pippig.

Ganz besonders gilt mein Dank all jenen, die durch ihr zur Verfügung gestelltes Bildmaterial dieses Buch erst ermöglichten – allen voran die Dr. Ing. h.c. F. Porsche AG sowie die Fotografen Thomas Kunert und Dirk Michael Deckbar.

Inhalt

42

Wenige Worte – und doch so viel mehr!

Carrera, Targa, Turbo. Und natürlich Neunhundertelf. Alleine mit diesen vier Worten lässt sich ein Großteil der Geschichte der Dr. Ing. h.c. F. Porsche AG wiedergeben. Vier Begriffe, die in wenigen Jahrzehnten zum Inbegriff für Sportlichkeit, Hightech und Erfolg wurden und die bis heute untrennbar mit dem Namen Porsche verbunden sind.

Garniert man diese erfolgreiche Kurzgeschichte – Porsche fertigt schließlich erst seit 62 Jahren eigene Autos – mit einigen zusätzlichen Akzenten, fügen sich die Details ein: ein bisschen Dreihundertsechsundfünfzig hier, ein bisschen Cayman dort, eine Prise VW-Porsche und als Ausklang Cayenne und Panamera.

Doch vollständig ist deswegen die Porsche-Geschichte noch lange nicht. Denn kaum ein anderer Hersteller vermag es, Produktreihen so konsequent zu entwickeln. Ein gutes Beispiel: Vom aktuellen 911 gibt es bis heute 33 verschiedene Versionen, von denen meist um die 15 Varianten parallel angeboten werden. Karosserie- und Leistungsvarianten, Sondermodelle sowie Weiterentwicklungen sorgen dafür, dass aus einem Fahrzeug ein ganzer Fuhrpark wird. Seit der Sanierung des Unternehmens buhlen überdies neue Baureihen um die Gunst der Kunden und setzen dabei auf die gleiche hohe Diversifizierung: Immerhin rollten auch zwölf verschiedene Cayenne (erste Generation) zu den Händlern.

Die Vielfalt, die Porsche seit über sechs Jahrzehnten zu bieten hat, findet sich in diesem Buch wieder – wobei angesichts der vielen Versionen im Detail Zusammenlegungen unumgänglich waren. Als primäres Kriterium zur Differenzierung dienten Motor und Antrieb (Heck oder Allrad), weswegen insbesondere beim 911 auf eine gesonderte Aufführung von Cabriolets verzichtet wurde. Außerdem wurden bei den technischen Daten nur dann Alternativangaben zu Getriebeversionen gemacht, wenn diese im Vergleich zur Serienschaltung die Fahrleistungen verbesserten – schließlich ist doch die Performance seit jeher die wesentliche Domäne von Porsche.

Viel Spaß beim Entdecken, Lesen und Vergleichen!

Dr. Wolfgang Hörner

1948 356

Porsche made in Austria: Die ersten 53 Fahrzeuge wurden in Gmünd gefertigt.

TECHNISCHE DATEN	
Produktion in Gmünd (A)	1948*
Stückzahl	1
Karosserie	2-sitziger Roadster
L x B x H (mm)	3.860 x 1.670 x 1.250
Radstand (mm)	2.150
Leergewicht (kg)	585
Motoranordnung	Mitte
Antrieb	Heck
Bauform Motor	Boxer
Zylinder	4
Hubraum (cm³)	1.086
Bohrung x Hub (mm)	73,5 x 64,0
Leistung (PS)	35
Drehmoment (Nm)	69
V_{max} (km/h)	135
0–100 km/h (s)	23,0

* 1948–1950 abgwandelte Modelle (52 Ex.)

Am 8. Juni 1948 wurde zum ersten Mal ein Automobil zugelassen, dessen Hersteller mit „Porsche" ausgewiesen wurde. Zwar hatten Ferry und vor allem Vater Ferdinand Porsche zahlreiche Fahrzeugprojekte im Kundenauftrag entwickelt (das bekannteste: der VW Käfer), doch war das Konstrukteursbüro nie selbst als Hersteller in Erscheinung getreten. Der Startschuss als Automobilproduzent fiel in einer schwierigen Zeit, denn 1944 war das Unternehmen aus Sicherheitsgründen von Stuttgart-Zuffenhausen nach Gmünd in Kärnten (Österreich) ausgelagert worden.

Dort schuf Ferry Porsche jenen zugelassenen Prototypen, der in bewährter Manier des Ingenieurbüros die Bezeichnung 356 bekam: Man pflegte alle Projekte fortlaufend durchzunummerieren – eine Systematik, deren Konsequenz zwar in

den 1960er-Jahren aufgegeben wurde, aber die bis heute Hintergrund für die Zahlenkürzel ist. Der Ur-356 war ein offener Zweisitzer, der technisch in vielen Bereichen auf Komponenten von Volkswagen zurückgriff, allen voran bei Getriebe und Motor. Dem 1,1 Liter großen Vierzylinder-Boxeraggregat hatte Ferry Porsche allerdings stolze 35 PS entlockt, was den ersten Porsche immerhin 135 km/h schnell machte.

Doch noch bevor die eigentliche Serienfertigung anlief, wurde das Fahrzeug in zwei wesentlichen Punkten abgeändert. Saß beim Prototyp das Triebwerk noch vor der Hinterachse (Mittelmotor), rückte es nun ganz nach hinten – das Prinzip des Heckmotors war geboren, das neben VW Käfer auch alle folgenden 356 und 911 aufwiesen. Die zweite wesentliche Änderung betraf den Rahmen, der zunächst aus leichtem Aluminium war: Aus Kostengründen wurde er durch eine Konstruktion aus Stahl ersetzt, wohingegen die Alu-Karosserie erhalten blieb – gefertigt überwiegend aus abgewrackten Flugzeugteilen. Die Form des 356 stammt von dem österreichischen Designer Erwin Komenda, der auch den VW Käfer gezeichnet hatte und darüber hinaus eng mit Porsche-Projekten verbunden war.

Im März 1949 feierte der 356 auf dem Genfer Autosalon schließlich seine offizielle Premiere. Insgesamt entstanden nach dem Prototypen noch 52 weitere Fahrzeuge als Coupé und als Cabrio in Gmünd. Letztere wurden von unterschiedlichen Karosseriebaufirmen – allen voran von Beutler (CH) – gefertigt.

1950 kehrte Porsche nach Stuttgart zurück, wo im April die ersten Fahrzeuge „Made in Zuffenhausen" entstanden – allerdings nicht im Porsche-Werk, das noch besetzt war, sondern in einer angemieteten Halle, direkt beim Karosseriewerk Reutter, das die Coupéhüllen fertigte. Parallel dazu stieg die Leistung des 356 auf 40 PS, der jetzt in Deutschland 10.200 DM kostete. Auf der IAA präsentierte Porsche 1951 die nächste Leistungsstufe: den 356 1300. Sein Boxermotor war auf 1,3 Liter Hubraum erweitert worden, leistete 44 PS und bot noch bessere Fahrleistungen als der weiter im Programm verbleibende 356 1100. Als 356 1300 Super erreichte er ab 1953 sogar 60 PS. Zusätzlich bot Porsche auch eine 1,5-Liter-Version in zwei Ausbaustufen an: eine „normale" und den 356 1500 Super, der es immerhin auf 70 PS und eine Höchstgeschwindigkeit von 175 km/h brachte.

Typisch für die erste Generation des 356 waren die vielen laufenden Detailverbesserungen. Optisch besonders markant sind die bis 1951 gefertigten Fahrzeuge, die eine zweigeteilte Windschutzscheibe besaßen. Danach war diese zwar einteilig, besaß aber einen Knick in der Mitte.

Der Weg zur Serienfertigung: Ab 1950 wurde in Stuttgart produziert. Damit begann auch die Standardisierung der Fahrzeuge, die technische Nähe zu VW aufwiesen.

TECHNISCHE DATEN	
Produktion in Zuffenhausen	1950–1955
Stückzahl	6.252
Karosserie	2+2-sitziges Coupé/Cabrio
L x B x H (mm)	3.850 x 1.660 x 1.300
Radstand (mm)	2.100
Leergewicht (kg)	830
Motoranordnung	Heck
Antrieb	Heck
Bauform Motor	Boxer
Zylinder	4
Hubraum (cm³)	1.086 (1.286)* (1.488)**
B. x H. (mm)	73,5 x 64 (80 x 64)* (80 x 74)**
Leistung (PS)	40 (44)* (60)**
Drehmoment (Nm)	70 (81)* (102)**
V_{max} (km/h)	140 (145)* (170)**
0–100 km/h (s)	23,5 (22,0)* (15,5)**

* 356 1300 ** 356 1500

1952

356 America Roadster

Mutiges Experiment: Der teure Leichtbau war wirtschaftlich gesehen ein Fiasko.

TECHNISCHE DATEN	
Produktion	1952
Stückzahl	15
Karosserie	2-sitziger Roadster
L x B x H (mm)	3.850 x 1.660 x 1.250
Radstand (mm)	2.100
Leergewicht (kg)	605
Motoranordnung	Heck
Antrieb	Heck
Bauform Motor	Boxer
Zylinder	4
Hubraum (cm³)	1.488
Bohrung x Hub (mm)	80,0 x 74,0
Leistung (PS)	70
Drehmoment (Nm)	108
V_{max} (km/h)	180
0–100 km/h (s)	10,0

Rückblickend könnte man fast meinen, Porsche habe schon früh begonnen, limitierte Supersportwagen herzustellen. Wenn dem so wäre, würde dem 1952 vorgestellten 356 America Roadster die Ehre zuteil werden, die Nummer eins zu sein. Von ihm entstanden gerade einmal 15 Exemplare, von denen eines in Deutschland verblieb, während die übrigen in die USA gingen – wofür sie auch bestimmt waren. Denn die äußerst agilen Sportwagen hatten sich längst auch in den USA Freunde gemacht, deren Kaufkraft dank des günstigen Wechselkurses um ein Vielfaches höher war.

Allerdings überschritten die 4.000 US-Dollar (über 16.000 DM), die Porsche damals für den 356 America Roadster verlangte, die Kaufbereitschaft der Nordamerikaner deutlich, weswegen nicht mehr Exemplare entstanden, zumal der 356 America Roadster auch produktionstechnisch eine Fehlkalkulation war. Der hohe Preis kam indes nicht von ungefähr, denn Porsche hatte sich bei dem Modell konsequent dem Leichtbau verschrieben. Dazu gehörte vor allem die handgefertigte Karosserie aus Aluminium, die bei Gläser/Heuer in Weiden entstand. Sie war außergewöhnlich leicht. Ein dünnes Notverdeck, leichte Schalensitze und seitliche Steckscheiben waren weitere Merkmale, die dafür sorgten, dass der 356 America Roadster nur 605 Kilogramm wog.

Als Antrieb diente der Motor aus dem 356 1500 Super. Er schöpfte aus 1,5 Liter Hubraum 70 PS, die den 356 America Roadster sensationelle 180 km/h schnell machten – das mit Abstand schnellste Automobil Deutschlands zu dieser Zeit.

356 Speedster 1954

Das Grundkonzept des 356 America Roadster kam bei den Kunden gut an. Selbst der geringe Komfort wurde nicht weiter bemängelt, sondern als Preis für das geringe Fahrzeuggewicht in Kauf genommen. Nur die drastischen Mehrkosten der Aluminiumkarosserie verhinderten höhere Verkaufszahlen. Entsprechend logisch war die Konsequenz: ein Neuversuch mit strengerer Kostenplanung.

Dieser wurde im Herbst 1954 vorgestellt und führte bei Porsche einen neuen Gattungsbegriff ein: den Speedster. Ausgangsbasis für den 356 Speedster war das 356 Cabriolet, dessen Linienführung er weitgehend übernahm. Wichtiges stilistisches Element war die deutlich niedrigere Windschutzscheibe, die bereits auch bei geöffnetem Verdeck auffiel. Noch offensichtlicher trat sie zutage, wenn das Dach geschlossen war: Die ungleich geringere Kopffreiheit war nicht zu verkennen. Allerdings gehörte der Komfort ohnehin nicht zu den Merkmalen, mit denen der 356 Speedster glänzte. Wie schon beim 356 America Roadster war die Ausstattung aus Gewichtsgründen einfach gehalten. Unter anderem kamen wieder Steckscheiben und ein dünnes Notverdeck zum Einsatz. Weil der 356 Speedster eine Stahlkarosse besaß, wog er 770 Kilogramm.

Dafür war er mit 12.200 DM auch rund 25 Prozent günstiger als sein rarer Vorgänger und wurde so erstmals auch in relevanten Stückzahlen in Europa angeboten – wobei der Großteil der Produktion weiterhin ins sonnige Kalifornien ging. Wahlweise konnte er mit dem Motor des 356 1500 oder für 1.100 DM Aufpreis mit dem Triebwerk des 356 1500 Super bestellt werden.

Beginn einer Legende: Der Speedster war die Porsche-Interpretation des Begiffs Roadster.

TECHNISCHE DATEN	
Produktion	1954–1955
Stückzahl	1.234
Karosserie	2-sitziger Roadster
L x B x H (mm)	3.950 x 1.360 x 1.220
Radstand (mm)	2.100
Leergewicht (kg)	770
Motoranordnung	Heck
Antrieb	Heck
Bauform Motor	Boxer
Zylinder	4
Hubraum (cm³)	1.488
Bohrung x Hub (mm)	80,0 x 74,0
Leistung (PS)	55 (70)*
Drehmoment (Nm)	106 (108)*
V_{max} (km/h)	160 (185)*
0–100 km/h (s)	17,0 (13,5)*

* 356 1500 Super Speedster

1955

356 A 1300 / 356 A 1300 Super

Gläserner Fortschritt: Mit der A-Serie verschwand der Knick in der Windschutzscheibe.

TECHNISCHE DATEN	
Produktion	1955–1957
Stückzahl	13.016 (gesamte A-Serie)
Karosserie	2+2-sitziges Coupé/Cabrio
L x B x H (mm)	3.950 x 1.670 x 1.310
Radstand (mm)	2.100
Leergewicht (kg)	850
Motoranordnung	Heck
Antrieb	Heck
Bauform Motor	Boxer
Zylinder	4
Hubraum (cm³)	1.290
Bohrung x Hub (mm)	74,5 x 74,0
Leistung (PS)	44 (60)*
Drehmoment (Nm)	81 (88)*
V_{max} (km/h)	145 (160)*
0–100 km/h (s)	22,0 (17,0)*

* 356 A 1300 Super

Im Herbst 1955 erfuhr der 356 seine erste umfassende Modellüberarbeitung. Sie war auch äußerlich zu erkennen, ganz besonders an der Windschutzscheibe, die fortan einteilig und gewölbt war. Der Innenraum war ebenfalls aufgefrischt worden (unter anderem mit Einzelsitzen vorne statt der bisher verwendeten durchgängigen Bank) und auch das Fahrwerk. Ein gewisser Rückschritt war allerdings, dass der 356 A nun auf 15-Zoll-Rädern unterwegs war, während sie beim Vorgänger noch 16 Zoll groß gewesen waren. Der 356 A 1300 war das Einstiegsmodell und kostete 11.400 DM, der stärkere 356 A 1300 Super 13.500 DM. Beide Fahrzeuge waren als Coupé und als Cabrio erhältlich, aber nicht als Speedster.

Der „1300" wurde von dem bekannten Vierzylinder-Boxermotor angetrieben, der unverändert 44 PS leistete und ein Drehmoment von 81 Newtonmetern erreichte. Der „Super" schöpfte 60 PS aus dem gleichen Hubraum und besaß ein Drehmoment von 88 Newtonmetern, war also ebenfalls unverändert geblieben. Das reichte für Höchstgeschwindigkeiten von 145 bzw. 160 km/h. Damit konnte der 356 A 1300 Super exakt mit jenen Werten aufwarten, die auch der 356 A 1600 besaß, der zu allem Überfluss auch noch 800 DM günstiger war.

So war es keine Überraschung, dass Porsche im August 1958 die Fertigung des 356 A 1300 und des 356 A 1300 Super einstellte. Die Nähe zum größeren „1600" und die inzwischen doch recht bescheidenen 44-Basis-PS sorgten dafür, dass vom „1300" kaum mehr als 1.000 Fahrzeuge entstanden.

356 A 1600 / 356 A 1600 Super

1955

Ab Herbst kennzeichnete der Buchstabe A die weiterentwickelten Fahrzeuge der 356-Baureihe. Auf technischer Seite war neben dem Fahrwerk (jetzt mit kleineren 15-Zoll-Rädern) vor allem der Motor modifiziert worden. Anstelle des bisherigen 1,5 Liter großen Aggregats kam nun ein Vierzylinder-Boxer mit 1.582 Kubikzentimetern Hubraum zum Einsatz. Damit kletterte die Leistung von 55 auf 60 PS, während sich das Drehmoment marginal von 106 auf 110 Newtonmeter verbesserte. Auch die Endgeschwindigkeit stieg um fünf auf 160 km/h. Im 356 A 1600 Super leistete das 1,6-Liter-Triebwerk sogar 175 PS, was das Fahrzeug 175 km/h schnell machte – also in etwa so schnell wie seinen Vorgänger.

Von Beginn an war der „1600“ in beiden Leistungsstufen in drei Karosserievarianten erhältlich: Als Coupé und als Cabrio sowie als Speedster, der später vom Convertible D abgelöst wurde. 1957 folgte eine weitere Version, das Hardtop-Cabrio. Zusätzlich gab es aber auch für den Speedster und das „normale“ Cabrio die Möglichkeit, ein Hardtop als Option zu ordern.

Nach dem Auslaufen der Produktion des „1300“ wurde im Sommer der „1600“ zum Einstieg in die Welt von Porsche. Etwa zum gleichen Zeitpunkt prägte sich der Begriff der „Dame“ für das 60-PS-1,6-Liter-Triebwerk – vermutlich wegen seines eher komfortableren und nicht so leistungsorientierten Charakters –, das vergleichsweise mühelos zu bedienen war. Der Kosename blieb bis zum Auslaufen dieser Leistungsstufe mit dem Ende der B-Serie erhalten.

Er wurde ab Herbst 1957 zum Einstiegsmodell bei Porsche: der 356 mit der „Dame“ als Motor.

TECHNISCHE DATEN	
Produktion	1955–1959
Stückzahl	13.016 (gesamte A-Serie)
Karosserie	2+2-sitziges Coupé/Cabrio
L x B x H (mm)	3.950 x 1.670 x 1.310
Radstand (mm)	2.100
Leergewicht (kg)	850
Motoranordnung	Heck
Antrieb	Heck
Bauform Motor	Boxer
Zylinder	4
Hubraum (cm³)	1.582
Bohrung x Hub (mm)	82,5 x 74,0
Leistung (PS)	60 (75)*
Drehmoment (Nm)	110 (117)*
V_{max} (km/h)	160 (175)*
0–100 km/h (s)	16,5 (14,5)*

* 356 A 1600 Super

1955

356 A Speedster

Fortgeführt: Auch von der A-Serie gab es einen Speedster, der 1958 vom Convertible D abgelöst wurde.

TECHNISCHE DATEN	
Produktion	1955–1958 (1958–1959)*
Stückzahl	2.910 (1.330)*
Karosserie	2-sitziger Roadster
L x B x H (mm)	3.950 x 1.670 x 1.220
Radstand (mm)	2.100
Leergewicht (kg)	760 (855)*
Motoranordnung	Heck
Antrieb	Heck
Bauform Motor	Boxer
Zylinder	4
Hubraum (cm³)	1.582
Bohrung x Hub (mm)	82,5 x 74,0
Leistung (PS)	60 (75)**
Drehmoment (Nm)	110 (117)**
V_{max} (km/h)	160 (175)**
0–100 km/h (s)	16,5 (14,5)**

* Convertible D ** jeweilige „Super"-Version

Gleichzeitig mit der Vorstellung der A-Serie brachte Porsche auch wieder eine Speedster-Variante an den Start. Sie besaß alle wesentlichen Modifikationen, die an der gesamten Baureihe vorgenommen worden waren. Dazu gehörte, dass die betont offene Karosserievariante sowohl als 356 A 1600 Speedster als auch als 356 A 1600 Super Speedster erhältlich war. Je nachdem leistete der 1,6 Liter große Boxermotor 60 respektive 75 PS. Die Fahrleistungen differierten nicht nennenswert von den übrigen Karosserieversionen: Die Höchstgeschwindigkeit war aufgrund der schlechteren Aerodynamik niedriger, das Spurtvermögen wegen des geringeren Gewichts von 760 Kilogramm besser.

Zu den Verbesserungen gegenüber der bisherigen Speedster-Generation gehörte das neue Verdeck, das etwas mehr Platz im Innenraum bot und über ein größeres Heckfenster verfügte. Ein neues Lenkgestänge sorgte für mehr Präzision, die neue Kupplung für mehr Bedienkomfort. Trotzdem änderte sich nichts daran, dass der Speedster knapp ausgestattet war und mit 11.900 DM (als „Super": 13.000 DM) die günstigste Karosserievariante war.

Im Sommer 1958 wurde der Speedster durch den weniger erfolgreichen 356 A Convertible D ersetzt, der ebenfalls in beiden Motorisierungen erhältlich war. Das D stand für die Karosseriebaufirma Drauz, bei der die Karossen gefertigt wurden. Kurbel- statt Steckfenster, eine höhere Windschutzscheibe und normale Sitze rückten vom Leichtbaukonzept ab und näherten sich dem „normalen" Cabrio an. Dafür war der nur ein Jahr lang gefertigte 356 A Convertible D günstiger als dieses.

356 A 1500 GS Carrera

1955

Zeitgleich zur Überarbeitung des 356 hin zur A-Serie präsentierte Porsche ein neues Spitzenmodell, das in bis dato für den 356 unbekannte Leistungsbereiche vorstieß: Der 356 A 1500 GS Carrera wurde zum absoluten Traumwagen. Zum ersten Mal fand dabei der Begriff Carrera Verwendung, der vom mexikanischen Langstreckenrennen Carrera Panamericana abgeleitet war. Das zusätzlich verwendete Kürzel GS stand für Grand Sport.

Highlight des Spitzenmodells war sein Triebwerk, dessen Wurzeln im Motorsport lagen. Ursprünglich war es von Dr. Ernst Fuhrmann für den 550 Spyder entwickelt worden, der unter Fans auch zum Namensgeber für dieses Aggregat wurde: Fuhrmann-Motor. Das Vierzylinder-Boxertriebwerk zeichnete sich durch vier Nockenwellen mit Königswellenantrieb aus und erreichte im „Carrera" glatte 100 PS. Aus 1,5 Liter Hubraum stellte es ein maximales Drehmoment von 119 Newtonmetern bereit. Entsprechend beeindruckend waren die Fahrleistungen: 200 km/h gab Porsche als Höchstgeschwindigkeit an.

Wahlweise war der „Carrera" als Coupé, Cabrio oder Speedster (mit 17.700 DM die günstigste Version) erhältlich. Wer schnell, aber auch komfortabel unterwegs sein wollte, hatte ab 1957 die Möglichkeit, das Fahrzeug ohne Mehrpreis in einer De-Luxe-Version zu bestellen. Im gleichen Jahr bot Porsche überdies eine GT-Version an. Sie war noch konsequenter auf Sporteinsätze getrimmt und auch technisch überarbeitet: Jetzt leistete der 1,5-Liter-Motor schon 110 PS und erreichte ein Drehmoment von 124 Newtonmetern.

Erster seiner Art: Das Spitzenmodell der A-Serie verwendete erstmals den Begriff Carrera.

TECHNISCHE DATEN	
Produktion	1955–1958
Stückzahl	447
Kaross.	2+2-sitz. Coupé/Cabrio/Roadster
L x B x H (mm)	3.950 x 1.670 x 1.310
Radstand (mm)	2.100
Leergewicht (kg)	850 (865)* (830)**
Motoranordnung	Heck
Antrieb	Heck
Bauform Motor	Boxer
Zylinder	4
Hubraum (cm³)	1.498
Bohrung x Hub (mm)	85,0 x 66,0
Leistung (PS)	100 (110)**
Drehmoment (Nm)	119 (124)**
V_{max} (km/h)	200
0–100 km/h (s)	12,0 (11,0)**

* De-Luxe-Version ** GT-Version

1958 356 A 1600 GS Carrera

Eingeschränkte Auswahl: In der GT-Ausführung war der „Carrera" nur als Coupé erhältlich.

TECHNISCHE DATEN	
Produktion	1958–1959
Stückzahl	101 (103)*
Kaross.	2+2-sitz. Coupé/Cabrio/HT-Cabrio
L x B x H (mm)	3.950 x 1.670 x 1.310
Radstand (mm)	2.100
Leergewicht (kg)	950 (870)*
Motoranordnung	Heck
Antrieb	Heck
Bauform Motor	Boxer
Zylinder	4
Hubraum (cm^3)	1.588
Bohrung x Hub (mm)	87,5 x 66,0
Leistung (PS)	105 (115)*
Drehmoment (Nm)	121 (125)*
V_{max} (km/h)	200
0–100 km/h (s)	11,0 (10,0)*

* 356 A 1600 GS Carrera GT

Ein Jahr, bevor die Bauzeit der A-Serie des 356 zu Ende ging, legte Porsche noch einen krönenden Abschluss nach. Dazu wurde der „Carrera" nochmals nachgeschärft, vor allem aber sein Triebwerk weiterentwickelt. Es basierte auch im Folgenden auf dem legendären Fuhrmann-Motor, besaß nun aber 1,6 Liter Hubraum. Dazu war die Bohrung von 85,0 auf 87,5 Millimeter erweitert worden – die daraus resultierenden Eckdaten waren allerdings nicht weltbewegend. So leistete der Motor nun 105 statt 100 PS, während sich das Drehmoment von 119 auf 121 Newtonmeter änderte. Damit war das Fahrzeug weiterhin 200 km/h schnell.

Anstelle der drei Versionen bot Porsche nunmehr zwei an: den eher komfortorientierten 356 A 1600 GS Carrera de Luxe und den motorsportlich ambitionierten GT. Dieser erreichte sogar eine Spitzenleistung von 115 PS.

Vom neuen „Carrera" war keine Speedster-Version mehr erhältlich. Dafür konnte er neben Coupé und Cabrio auch als Hardtop-Cabrio bestellt werden – zumindest der „De Luxe", denn der 356 A 1600 GS Carrera GT wurde ausschließlich als Leichtbau-Coupé mit 870 Kilogramm Gesamtgewicht ausgeliefert. Leichtmetallhauben kamen dagegen bei allen „Carrera" zum Einsatz. Äußerlich war der 356 A 1600 GS Carrera am goldenen Carrera-Schriftzug am vorderen Kotflügel sowie an zusätzlichen Lufteinlässen am Heck erkennbar. Optional konnten die Fahrzeuge überdies mit Sperrdifferenzial und Rädern mit Zentralverschlüssen geordert werden – bei einem Basispreis von 18.500 DM für das Coupé.

356 B 1600 / 356 B 1600 Super 1959

Seltene Erscheinung: Die B-Serie war auch mit festgeschweißtem Hardtop erhältlich.

Auf der IAA wurde im September 1959 die nächste Generation des 356 vorgestellt, die als B-Serie bezeichnet wurde. Dabei wurde das Fahrzeug auch optisch aufgefrischt, insbesondere die Frontpartie. So wanderten der Stoßfänger und die Rundscheinwerfer gleichermaßen um rund zehn Zentimeter nach oben, was die Kotflügel nicht mehr so rund wirken ließ. Ingesamt erschien der 356 durch diese Änderungen moderner und weniger aggressiv.

Auch die B-Serie war in mehreren Karosserieversionen erhältlich. Neben Coupé und Cabrio nahm die Variante „Roadster" nun den Platz des Speedster/Convertible D ein. Allerdings war er nur noch 50 DM billiger als das Coupé, das 12.700 DM kostete, und trotzdem vergleichsweise spartanisch ausgestattet. Die Karosserie stammte zunächst ebenfalls von Drauz, später von einem belgischen Zulieferer, bevor die Version bereits 1961 wieder verschwand. Ein kurzes Gastspiel hatte auch die Karosserieneuheit Hardtop-Coupé, die im Gegensatz zum ebenfalls erhältlichen Hardtop-Cabrio ein fest geschweißtes Hardtop besaß. Es verlieh dem Fahrzeug fast die Anmutung eines Stufenhecks, was bei den Kunden wenig Anklang fand. Nachdem es im Sommer 1960 vorgestellt worden war, verschwand es 1962 wieder aus dem Programm.

Beim Antrieb änderte sich nichts: Noch immer war der 1,6-Liter-Boxermotor mit 60 und 75 PS erhältlich. Auch wenn sich die Fahrleistungen nicht verbesserten: Das Fahrverhalten der B-Serie hatte dank einiger Modifikationen einen Schritt nach vorne gemacht.

TECHNISCHE DATEN	
Produktion	1959–1963
Stückzahl	20.597 (gesamte B-Serie)
Karosserie	2+2-sitziges Coupé/Cabrio/ HT-Cabrio/Roadster/HT-Coupé
L x B x H (mm)	4.010 x 1.670 x 1.330
Radstand (mm)	2.100
Leergewicht (kg)	935
Motoranordnung	Heck
Antrieb	Heck
Bauform Motor	Boxer
Zylinder	4
Hubraum (cm³)	1.582
Bohrung x Hub (mm)	82,5 x 74,0
Leistung (PS)	60 (75)*
Drehmoment (Nm)	110 (117)*
V_{max} (km/h)	160 (175)*
0–100 km/h (s)	16,5 (15,0)*

* 356 B 1600 Super

1959

356 B 1600 Super 90

Zusätzliche Leistungsvariante: Der „Super 90" war das Bindeglied zum „Carrera".

TECHNISCHE DATEN	
Produktion	1959–1963
Stückzahl	20.597 (gesamte B-Serie)
Karosserie	2+2-sitziges Coupé/Cabrio/ HT-Cabrio/Roadster/HT-Coupé
L x B x H (mm)	4.010 x 1.670 x 1.330
Radstand (mm)	2.100
Leergewicht (kg)	935
Motoranordnung	Heck
Antrieb	Heck
Bauform Motor	Boxer
Zylinder	4
Hubraum (cm³)	1.582
Bohrung x Hub (mm)	82,5 x 74,0
Leistung (PS)	90
Drehmoment (Nm)	121
V_{max} (km/h)	180
0–100 km/h (s)	13,5

Zeitgleich mit den beiden Leistungsstufen des 1,6-Liter-Motors für die B-Serie stellte Porsche noch eine weitere Version vor: den 356 B 1600 Super 90, oft auch nur als 356 B Super 90 bezeichnet. Entsprechend erhielt die mittlere Ausbauversion häufig den Kurznamen 356 B Super 75. Die Ergänzung „90" kündigte indes bereits an, was die wichtigste Änderung war. Das Triebwerk leistete 90 PS, die bei leicht erhöhter Drehzahl verfügbar waren. Ausgangspunkt war weiterhin der Ur-Motor des 356 mit 1,6 Liter Hubraum. Das Mehr an Leistung war auf die geänderte Verdichtung von 9,0:1 und größere Vergaser zurückzuführen. Damit stieg auch das Drehmoment leicht an, das nun 121 statt 117 Newtonmeter betrug.

Die Mehrleistung sorgte dafür, dass der „Super 90" 180 km/h schnell war. Das war zwar noch nicht ganz das Niveau des „Carrera GT", aber doch spürbar mehr, als die bekannten Modelle zu bieten hatten. Hinzu kam, dass der Neue von Fahrwerksmodifikationen profitierte. Vor allem zwei Ausgleichsfedern an der Hinterachse bewirkten, dass in schnell durchfahrenen Kurven das innere Rad leichter Bodenkontakt behielt und ein Übersteuern vermieden wurde.

Wie alle Fahrzeuge der B-Serie erhielt auch der „Super 90" im Herbst 1961 einige Modifikationen. Dazu gehörten zwei Lufteinlassgitter auf dem Motordeckel, ein äußerer Tankeinfüllstutzen hinter einer Klappe am vorderen rechten Kotflügel und ein größerer Kofferraum, hervorgerufen durch einen flacheren Tank. Der „Super 90" war in allen fünf Karosserievarianten erhältlich.

356 B 1600 GS Carrera GT

1960

Es war naheliegend, den aus dem 356 A 1600 GS Carrera bekannten Sportmotor auch in der neuen B-Serie zum Einsatz zu bringen. Ganz logisch entstand so der 356 B 1600 GS Carrera GT, der ab Frühsommer 1960 angeboten wurde. Das Kürzel GT wurde dabei zum festen Namensbestandteil, denn die bisherige De-Luxe-Ausführung war beim „B" nicht erhältlich. Und wie schon beim Vorgänger war der 356 B 1600 GS Carrera GT ausschließlich als Coupé lieferbar. Es war 55 Kilogramm leichter als der 356 B 1600 Super und damit auch ideal für Renneinsätze. Zur Gewichtsreduzierung trugen Türen und Hauben aus Leichtmetall, Heck- und Seitenscheiben aus Plexiglas und der Entfall der Stoßstangenhörner bei.

Da passte es gut, dass weiterhin der DOHC-Fuhrmann-Motor mit seinen Motorsport-Wurzeln zum Einsatz kam. Allerdings war er nicht weiterentwickelt worden und besaß weiterhin 1,6 Liter Hubraum. Wie gehabt generierte das Triebwerk daraus 115 PS, die das Topmodell der B-Serie 200 km/h schnell machten.

Der wahre technische Fortschritt fand sich indes an anderer Stelle. So besaß der „Carrera GT" das neue Fahrwerk des „Super 90", womit das Handling deutlich verbessert wurde. Außerdem war das Bordnetz auf zwölf Volt umgestellt. Genauso wegweisend war der Umstand, dass der 356 B 1600 GS Carrera GT der erste Straßen-Porsche war, der – zumindest optional – mit Scheibenbremsen ausgestattet werden konnte. Eine andere Option stellte die 21 Exemplare umfassende Sonderserie dar, die bei Abarth entstand und vor allem für Renneinsätze bestimmt war.

Ideal für Renn- und Arbeitsstrecke: Der 356 B 1600 GS Carrera GT war ein echtes Multitalent.

TECHNISCHE DATEN	
Produktion	1960–1961
Stückzahl	40
Karosserie	2+2-sitziges Coupé
L x B x H (mm)	3.980 x 1.670 x 1.320
Radstand (mm)	2.100
Leergewicht (kg)	845
Motoranordnung	Heck
Antrieb	Heck
Bauform Motor	Boxer
Zylinder	4
Hubraum (cm³)	1.588
Bohrung x Hub (mm)	87,5 x 66,0
Leistung (PS)	115
Drehmoment (Nm)	135
V_{max} (km/h)	200
0–100 km/h (s)	10,5

1962

356 B 2000 GS Carrera 2

Höchste Ausbaustufe: Gegen Ende seiner Karriere erhielt der 356 einen 2,0-Liter-Motor.

TECHNISCHE DATEN	
Produktion	1962–1963
Stückzahl	310
Kaross.	2+2-sitz. Coupé/Cabrio/HT-Cabrio
L x B x H (mm)	3.980 x 1.670 x 1.320
Radstand (mm)	2.100
Leergewicht (kg)	1.010 (850)*
Motoranordnung	Heck
Antrieb	Heck
Bauform Motor	Boxer
Zylinder	4
Hubraum (cm³)	1.966
Bohrung x Hub (mm)	92,0 x 74,0
Leistung (PS)	130 (140)*
Drehmoment (Nm)	162 (174)*
V_{max} (km/h)	200 (210)*
0–100 km/h (s)	9,0 (8,0)*

* 356 B 2000 GS-GT Carrera 2

Mit einem neuen Highlight wartete Porsche zum Modelljahr 1962 auf. Das Fuhrmann-Aggregat erhielt erstmals eine umfassende Weiterentwicklung. Wichtigster Punkt: Der Hubraum wuchs von 1,6 auf 2,0 Liter. Dazu bekamen die Brennräume neue Abmessungen. Auf den ersten Blick wirkte das Verhältnis aus Bohrung und Hub mit 92,0 x 74,0 Millimeter wie eine Ableitung des normalen 1,6-Liter-Motors. Doch in Wahrheit handelte es sich noch immer um das Renntriebwerk, das mit vier von einer Königswelle angetriebenen Nockenwellen ausgestattet war. Seine Leistung kletterte in diesem Schritt um 15 auf 130 PS, während das Drehmoment prozentual sogar noch stärker anstieg und 162 Newtonmeter erreichte.

Anders, als man heute vielleicht vermuten könnte, bezog sich „Carrera 2" auf 2,0 Liter Hubraum, nicht auf das Antriebskonzept. Unter der Bezeichnung 356 B 2000 GS-GT Carrera 2 gewährte Porsche zudem die Option einer besonders sportlichen Variante. Der „GT" schaffte es auf 140 PS, in Kombination mit einer Sportabgasanlage sogar 155 PS. Weil er konsequent gewichtsreduziert war und lediglich 850 Kilogramm auf die Waage brachte, waren seine Fahrleistungen mit 210 km/h deutlich besser als die des Vorgängers. Der „normale" 356 B 2000 GS Carrera 2 verbrauchte dagegen einen Großteil seiner Mehrleistung für sein erhöhtes Gewicht.

Der 23.700 DM teure „Carrera 2" war der erste Porsche, der serienmäßig über Scheibenbremsen verfügte – sieht man einmal von einigen ganz frühen Exemplaren ab, die mit Trommelbremsen auskommen mussten.

356 1600 C / 356 1600 SC

Im Windschatten des 901 bzw. 911 debütierte auf der IAA 1963 die letzte Ausbaustufe des 356: die C-Serie, die das Ende der Baureihe einläutete. Vor diesem Hintergrund wurde auch das Modellprogramm gestrafft und die Nomenklatur der Fahrzeuge umgestellt. Das Basismodell hieß 1600 C (das C stand für C-Serie), das höher positionierte 1600 SC (das S stand wie gehabt für Super). Im Angebot entfiel damit die 60-PS-Variante, sodass der 75 PS starke 1,6-Liter-Motor jetzt die Basis bildete. Technisch blieb dieses Triebwerk völlig unverändert, während sich die Käufer des Aggregats aus dem bisherigen „Super 90“ über fünf weitere PS freuen konnten. Es leistet nun 95 PS und besaß 124 Newtonmeter.

Äußerlich war die Veränderung kaum wahrzunehmen. Ein gutes Indiz war lediglich das neue Design der Radkappen, die ohne Wappen und vor allem flacher waren. Dies lag darin begründet, dass jetzt alle 356 mit Scheibenbremsen ausgeliefert wurden und nur ganz frühe Exemplare Trommelbremsen besaßen. Der Preisanstieg fiel mit 14.950 DM für den 356 C Coupé trotzdem recht moderat aus – wohl auch deshalb, weil Porsche die Preise im Vorfeld schon angepasst hatte.

Im Zeichen der Straffung war die C-Serie auch nur noch in drei Karosserieversionen erhältlich: Coupé, Cabrio und Hardtop-Cabrio. Als schließlich im Juli 1965 die Produktion des 356 eingestellt wurde, ahnte wohl kaum jemand, dass das Thema Vollcabrio bei Porsche 18 Jahre vakant bleiben würde, bis ausgerechnet ein „SC“ (der 911 SC) das Kapitel fortsetzen würde.

Nur an den Radkappen vom Vorgänger zu unterscheiden: die C-Serie des 356.

TECHNISCHE DATEN	
Produktion	1963–1965
Stückzahl	13.510
Kaross.	2+2-sitz. Coupé/Cabrio/HT-Cabrio
L x B x H (mm)	4.010 x 1.670 x 1.315
Radstand (mm)	2.100
Leergewicht (kg)	935
Motoranordnung	Heck
Antrieb	Heck
Bauform Motor	Boxer
Zylinder	4
Hubraum (cm^3)	1.582
Bohrung x Hub (mm)	82,5 x 74,0
Leistung (PS)	75 (95)*
Drehmoment (Nm)	123 (124)*
V_{max} (km/h)	175 (185)*
0–100 km/h (s)	14,0 (11,5)*

* 356 1600 SC

1963

356 C 2000 GS Carrera 2

Schattendasein: Der letzte „Carrera" auf Basis des 356 wurde schon vom 911 überstrahlt.

TECHNISCHE DATEN	
Produktion	1963–1964
Stückzahl	126
Kaross.	2+2-sitz. Coupé/Cabrio/HT-Cabrio
L x B x H (mm)	3.980 x 1.670 x 1.320
Radstand (mm)	2.100
Leergewicht (kg)	1.010
Motoranordnung	Heck
Antrieb	Heck
Bauform Motor	Boxer
Zylinder	4
Hubraum (cm^3)	1.966
Bohrung x Hub (mm)	92,0 x 74,0
Leistung (PS)	130
Drehmoment (Nm)	162
V_{max} (km/h)	200
0–100 km/h (s)	9,0

In aller Konsequenz stellte Porsche 1963 von der neuen C-Serie des 356 auch einen „Carrera 2“ vor, der die inzwischen neun Jahre alte Tradition des Begriffs fortsetzen sollte. Faktisch war dazu allerdings kein großer Aufwand nötig: Schon der „Carrera 2“ aus der B-Serie verfügte über den neuesten Stand der 356-Karosserie (als Typ T6 bezeichnet). Weil bei ihm auch schon bislang Scheibenbremsen zum Einsatz kamen, war – anders als bei 356 1600 C/1600 SC – keine Neugestaltung der Räder nötig. Wie bereits sein Vorgänger verfügte der neue „Carrera 2“ über Scheibenbremsen, die von Porsche selbst entwickelt worden waren, während die 1,6-Liter-Versionen ein System von ATE nutzten.

Zu den wenigen Änderungen gegenüber dem Vorgänger bzw. dem „1600“ gehörten leichte Retuschen im Innenraum. Auch war der „Carrera 2“ als einziges Fahrzeug der C-Serie serienmäßig mit den Ausgleichsfedern an der Hinterachse ausgestattet. Wahlweise konnte das Spitzenmodell als Coupé, Cabrio oder Hardtop-Coupé bestellt werden – wobei die Gesamtstückzahl mit 126 gefertigten Exemplaren äußerst bescheiden ausfiel. Dabei hatte Porsche mit dem Modellwechsel die offenen Versionen sogar leicht verbilligt und das 23.700 DM teure Coupé zumindest nicht teurer gemacht.

Doch seit dem Erscheinen des 911 war der 356 – und gerade das Spitzenmodell – angezählt. Die neue Sportwagen-Generation war einfach technisch fortschrittlicher, hatte einen größeren Motor, zumindest nicht weniger Leistung, bessere Fahrleistungen und war überdies billiger.

550 1953

Im Jahr 1953 stellte Porsche erstmals ein Fahrzeug vor, das ganz konsequent auf den Rennsport zugeschnitten und kein unmittelbarer Ableger des durchaus motorsportlich ambitionierten 356 war. So kam der 550 im Spätjahr 1953 als Werksrennwagen zum Einsatz und erfreute sich schon im Folgejahr bei Kundenteams und Privatfahrern großer Beliebtheit. Doch auch wenn der Wagen durch und durch für die Rennstrecke gemacht war, konnte er für den Straßenverkehr zugelassen werden – und sei es nur, um auf eigener Achse an die Rennstrecke zu gelangen.

Der 550 besaß wie der allererste 356 einen Mittelmotor und war als offener Spyder konstruiert. Ein Verdeck gab es nicht. Allerdings konnte für den Rennbetrieb das Cockpit auf der Beifahrerseite mit einem Blech abgedeckt werden, was die Aerodynamik verbessern sollte. Wesentliches stilistisches Merkmal war die nur minimal ausgeprägte Windschutzscheibe. Derart spartanisch ausgestattet brachte es der Sportwagen lediglich auf 550 Kilogramm Leergewicht.

Als Antriebsquelle diente dem 550 der 1,5 Liter große Vierzylinder-Boxermotor mit zwei mal zwei Nockenwellen. 110 PS bei vergleichsweise hohen 7.800 U/min sorgten angesichts des geringen Gewichts für eine sensationelle Performance und machten den vor allem in den USA sehr begehrten Wagen 225 km/h schnell. Im Herbst 1956 entwickelte Porsche das Modell zum 550 A weiter – unter anderem bei Rahmen, Fahrwerk und Motor. Letzterer war nun sogar 135 PS stark. Die späteren Nachfolger 645 und 718 waren aber nicht mehr zulassungsfähig.

Gewohntes Terrain: Der 550 war auf den Rennstrecken zu Hause, weniger auf der Straße.

TECHNISCHE DATEN	
Produktion	1953–1956
Stückzahl	90
Karosserie	2-sitziger Roadster
L x B x H (mm)	3.600 x 1.550 x 1.015
Radstand (mm)	2.100
Leergewicht (kg)	685
Motoranordnung	Mitte
Antrieb	Heck
Bauform Motor	Boxer
Zylinder	4
Hubraum (cm^3)	1.498
Bohrung x Hub (mm)	85,0 x 66,0
Leistung (PS)	110
Drehmoment (Nm)	117
V_{max} (km/h)	225
0–100 km/h (s)	10,0

1963

911 / 911 L

Plus zehn: Zunächst hieß der 356-Nachfolger 901, bis Porsche 911 daraus machten musste.

TECHNISCHE DATEN	
Produktion	1963–1969
Stückzahl	11.282
Karosserie	2+2-sitziges Coupé/Targa
L x B x H (mm)	4.163 x 1.610 x 1.320
Radstand (mm)	2.211 (ab 1969: 2.268)
Leergewicht (kg)	1.080
Motoranordnung	Heck
Antrieb	Heck
Bauform Motor	Boxer
Zylinder	6
Hubraum (cm³)	1.991
Bohrung x Hub (mm)	80,0 x 66,0
Leistung (PS)	130 (ab 1969: 140)
Drehmoment (Nm)	174 (ab 1969: 175)
V_{max} (km/h)	210 (ab 1969: 215)
0–100 km/h (s)	9,1 (ab 1969: 9,0)

Auf der IAA zeigte Porsche 1963 den Prototyp eines Sportwagens, der den inzwischen 15 Jahre alten 356 beerben sollte. Die Premiere hatte zwei Schönheitsfehler: Zum einen legte Peugeot bald darauf Einspruch gegen die verwendete Typenbezeichnung 901 ein, da Zifferncodes mit einer mittigen Null von den Franzosen geschützt waren. So wurde nach 84 gefertigten Exemplaren aus dem 901 der 911. Zum anderen – vor dem Hintergrund der steilen Karriere des 911 heute kaum mehr nachvollziehbar – war die Publikumsmeinung zunächst zwiespältig.

Der 911 war ein völlig neues Fahrzeug, setzte aber das Konzept des 356 in seinen wesentlichen Punkten fort: Heckmotor, luftgekühltes Boxertriebwerk und 2+2-sitziger Innenraum besaß auch der Neue. Seine Formgebung war dagegen ein Quantensprung und stammte von Ferdinand Alexander „Butzi" Porsche. Ganz neu war auch das Triebwerk, das nunmehr über sechs Zylinder verfügte. Aus zwei Liter Hubraum schöpfte es 130 PS, die den Ur-911 210 km/h schnell machten. Im Sommer 1967 wurde aus dem 21.900 DM teuren Sportwagen der 911 L, wobei das Kürzel für Luxus stand. Ein Jahr später erhielt das Fahrzeug eine Benzineinspritzung, die es 140 PS stark machte.

Auf der IAA 1965 überraschte Porsche mit dem Targa, der als Karosserievariante des 911 ein herausnehmbares Dachmittelteil sowie eine demontierbare Heckscheibe besaß. Gedacht war er als „Sicherheitscabrio", da Offenfahren zunehmend unpopulärer wurde. Tatsächlich wurde der ab 1966 erhältliche Targa sehr beliebt und im Lauf der Jahre zu einem Gattungsbegriff.

911 S 1966

Auch wenn der 911 für die damalige Zeit alles andere als untermotorisiert war – gegen noch mehr Leistung hatte kein Sportfahrer etwas einzuwenden. Vor diesem Hintergrund stellte Porsche dem 911 den 911 S zur Seite. Auch er besaß das Sechszylinder-Boxertriebwerk mit 2,0 Liter Hubraum, das nun allerdings 160 PS leistete.

Dazu wurde das Triebwerk einer Reihe von Modifikationen unterzogen. Eine Maßnahme war die Erhöhung der Verdichtung auf 9,8:1. Ganz klassisch kamen auch schärfere Nockenwellen zum Einsatz. Aufwendiger waren indes die geschmiedeten Leichtmetallkolben und die vergrößerten Einlass- und Auslassventile. Das maximale Drehmoment stieg aber nur unwesentlich auf 178, ab 1968 – als der Motor auf Benzineinspritzung umgerüstet wurde – auf 182 Newtonmeter. Die Leistung stieg bei diesem Schritt auf 170 PS.

Der „S" machte entsprechend durch eine bessere Performance auf sich aufmerksam: Mit einer Höchstgeschwindigkeit von 225 km/h war er 15 km/h schneller als der 911 und beschleunigte auch um über eine Sekunde schneller auf Tempo 100. Äußerlich war er an seinem Schriftzug zu erkennen, der in Gold gehalten war. Ein weiteres Erkennungsmerkmal waren die Stoßstangenhörner aus Gummi, die innenbelüfteten Bremsscheiben sowie die markanten Leichtmetallräder der Firma Fuchs („Fuchsfelgen"), die in den folgenden zwei Jahrzehnten ganz entscheidend das Bild der Baureihe mit prägten. Für den 911 S waren 24.500 DM zu bezahlen, exakt 3.500 DM mehr als für das Basismodell.

Ohne Einschränkung: Auch der stärkere 911 S war in der Targa-Ausführung erhältlich.

TECHNISCHE DATEN	
Produktion	1966–1969
Stückzahl	6.604
Karosserie	2+2-sitziges Coupé/Targa
L x B x H (mm)	4.163 x 1.610 x 1.320
Radstand (mm)	2.211 (ab 1969: 2.268)
Leergewicht (kg)	1.030
Motoranordnung	Heck
Antrieb	Heck
Bauform Motor	Boxer
Zylinder	6
Hubraum (cm^3)	1.991
Bohrung x Hub (mm)	80,0 x 66,0
Leistung (PS)	160 (ab 1969: 170)
Drehmoment (Nm)	178 (ab 1969: 182)
V_{max} (km/h)	225
0–100 km/h (s)	8,0

1967 911 T

Neuer Einstieg: Der 911 T hatte im Unterschied zum 912 einen Sechszylindermotor.

TECHNISCHE DATEN	
Produktion	1967–1969
Stückzahl	2.400
Karosserie	2+2-sitziges Coupé/Targa
L x B x H (mm)	4.163 x 1.610 x 1.320
Radstand (mm)	2.211 (ab 1969: 2.268)
Leergewicht (kg)	1.080
Motoranordnung	Heck
Antrieb	Heck
Bauform Motor	Boxer
Zylinder	6
Hubraum (cm³)	1.991
Bohrung x Hub (mm)	80,0 x 66,0
Leistung (PS)	110
Drehmoment (Nm)	157
V_{max} (km/h)	205
0–100 km/h (s)	10,0

Der 911 war nicht nur entwicklungstechnisch ein gewaltiger Sprung für Porsche, sondern in Leistung, Fahrerlebnis und Preis eindeutig eine Klasse über dem 356 angesiedelt. Damit ergab sich aber eine Kluft für viele 356-Besitzer, die Porsche bei einer Neuanschaffung gewogen bleiben wollten. Der Versuch scheiterte, mit dem vierzylindrigen 912 ein Bindeglied zu schaffen (siehe Seite 34). Deshalb unternahm Porsche 1967 einen neuen Anlauf und präsentierte den 911 T, der eine „abgespeckte" Variante des 911 war.

Der „T" – das Kürzel stand für Touring, nicht für Targa (selbst wenn der 911 T auch in dieser Karosserieform erhältlich war) – besaß den 2,0 Liter großen Boxermotor, dessen Leistung aber auf 110 PS gedrosselt war. Dazu war die Verdichtung auf 8,6:1 gesenkt worden. Die Höchstgeschwindigkeit reduzierte sich auf 200 km/h, das Sprintvermögen auf 10,0 Sekunden und auch der Preis um 2.000 auf 19.000 DM. Diese Ersparnis wurde nicht nur über die Minderleistung „erkauft", sondern auch mit der Ausstattung: Sie war auf dem Niveau des 912. Serienmäßig wurde ein 4-Ganggetriebe eingebaut, das optional durch eine 5-Gangversion oder die Sportomatic getauscht werden konnte.

Parallel zur Einführung des 911 T wurde aus dem 911 zur besseren Unterscheidung der 911 L. Wie die gesamt Baureihe kam auch der „T" 1968 in den Genuss des überarbeiteten Fahrwerks und der modifizierten Karosserie mit längerem Radstand und breiteren Kotflügeln, während die Antriebstechnik weitgehend unverändert blieb.

Mehr Leistung für die Basis: Der 911 T bekam ebenfalls den größeren Motor.

Auf der 1969er-Ausgabe der IAA stellte Porsche die erste antriebstechnische Modellüberarbeitung des noch jungen 911 vor. Der Hubraum aller 911 wurde um 0,2 auf 2,2 Liter angehoben. Dies erfolgte durch eine Vergrößerung der Bohrung, die anstelle von 80 jetzt 84 Millimeter betrug. Unverändert blieb die Verdichtung von 8,6:1, sodass der „T" weiterhin die schwächste Ausbaustufe war. Statt vormals 110 PS war das Triebwerk aber nun 125 PS stark. Auch das Drehmoment stieg von 157 auf 176 Newtonmeter, was für den 1.110 Kilogramm leichten Sportwagen ein echter Performance-Gewinn war. Dieser schlug sich allerdings kaum in den messbaren Fahrleistungen nieder: Während das Sprintvermögen konstant blieb, legte die Höchstgeschwindigkeit marginal auf 205 km/h zu.

Der 911 T spielte im Modellprogramm des 911 weiterhin die Rolle des Einstiegsangebots – nun allerdings zu geänderten Bedingungen: Während der Wagen mit 19.970 DM nicht teurer als zuletzt sein Vorgänger war, profitierte er von der ersatzlosen Streichung des 912 mit Vierzylindermotor. Dafür rollten zeitgleich die ersten Modelle des VW-Porsche 914 in die Verkaufsräume, die ungleich billiger als der 911 T waren.

Trotz der Funktion als „Lockvogel" erhielt das überarbeitete Modell eine erweiterte Serienausstattung. Dazu zählte unter anderem, dass nun auch der 911 T an allen vier Rädern mit innenbelüfteten Scheibenbremsen ausgestattet war. Rund ein Drittel aller Käufer machte überdies von der Option Gebrauch, das Fahrzeug als Targa zu bestellen.

TECHNISCHE DATEN	
Produktion	1969–1971
Stückzahl	17.019
Karosserie	2+2-sitziges Coupé/Targa
L x B x H (mm)	4.163 x 1.610 x 1.320
Radstand (mm)	2.268
Leergewicht (kg)	1.110
Motoranordnung	Heck
Antrieb	Heck
Bauform Motor	Boxer
Zylinder	6
Hubraum (cm³)	2.195
Bohrung x Hub (mm)	84,0 x 66,0
Leistung (PS)	125
Drehmoment (Nm)	176
V_{max} (km/h)	205
0–100 km/h (s)	10,0

1969

911 E 2.2

Auf „T" folgte „E": Bereits 1968 war aus dem 911 T der 911 E geworden.

TECHNISCHE DATEN	
Produktion	1969–1971
Stückzahl	4.876
Karosserie	2+2-sitziges Coupé/Targa
L x B x H (mm)	4.163 x 1.610 x 1.320
Radstand (mm)	2.268
Leergewicht (kg)	1.110
Motoranordnung	Heck
Antrieb	Heck
Bauform Motor	Boxer
Zylinder	6
Hubraum (cm³)	2.195
Bohrung x Hub (mm)	84,0 x 66,0
Leistung (PS)	155
Drehmoment (Nm)	191
V_{max} (km/h)	215
0–100 km/h (s)	9,0

Auch die mittlere Ausbaustufe der Baureihe wurde im Sommer 1969 der Hubraumerweiterung unterzogen. Seit dem Vorjahr hieß sie 911 E, wobei das Kürzel eine wichtige technischer Neuerung preisgab: „E" stand für Einspritzung. Während der 911 T weiter mit zwei Dreifach-Fallstromvergasern ausgestattet war, kam im 911 E eine Saugrohreinspritzung von Bosch zum Einsatz.

Zusammen mit der Vergrößerung der Bohrung sorgte das für ein kräftiges Leistungsplus. War das Modell ursprünglich 130 PS stark gewesen, hatte die Einführung der Einspritzung bereits für einen Anstieg um 10 PS gesorgt. Nun wuchs sie auf 155 PS. Und auch das Drehmoment erreichte mit 191 Newtonmetern einen neuen Bestwert. Das machte den 911 E 215 km/h schnell, der zum Sprint auf 100 km/h überdies nun 9,0 Sekunden benötigte.

Optisch fielen die Änderungen eher gering aus. Natürlich besaß der neue 911 E den längeren Radstand, der im Vorjahr für alle Modelle der Baureihe eingeführt worden war. Er war um 57 auf 2.268 Millimeter gewachsen. Gleichzeitig hatte die Karosserie auch breitere Kotflügel und größere Radhäuser bekommen. Unter praktischen Gesichtspunkten fiel dagegen auf, dass beim Coupé die vorderen Dreiecksfensterchen der Türen nicht mehr ausgestellt werden konnten. Allerdings erfreute sich auch beim 911 E die Targa-Version großer Beliebtheit. 1.848 Fahrzeuge wurden mit dem herausnehmbaren Dachmittelteil bestellt, was mehr als einem Drittel des Gesamtabsatzes entsprach.

911 S 2.2

1969

Bereits 1968 war der 911 S mit seinem 2,0-Liter-Boxermotor auf die Benzineinspritzung umgestellt worden. Das machte das Spitzenmodell der Baureihe 170 PS stark, bevor im Sommer 1969 ein weiterer Nachschlag erfolgte: Der 911 S bekam mehr Hubraum. Dank einer vergrößerten Bohrung brachte er es nun auf 2,2 Liter. Damit wuchs auch die Leistung, was ihn mit 180 PS zum bis dato stärksten Straßenfahrzeug der Unternehmensgeschichte machte. Auch das Drehmoment zog weiter an: So standen bei 5.200 U/min stolze 199 Newtonmeter zur Verfügung.

Aufgrund des günstigen Fahrzeuggewichts von 1.075 Kilogramm erreichte der neue 911 S beeindruckende Fahrleistungen. Er sprintete in lediglich 8,0 Sekunden auf Tempo 100 und erreichte eine Höchstgeschwindigkeit von 225 km/h. Um dem sportlichen Anspruch des Modells gerecht zu werden, war der „S" ausschließlich mit einem manuellen 5-Ganggetriebe lieferbar – die Sportomatic fehlte als Option.

An zahlreichen Stellen wies der 911 S – der als Coupé und als Targa lieferbar war – Veränderungen auf. Im Innenraum war die Bedienung der Instrumente vereinfacht worden, insbesondere die des Kombiinstruments. Dafür blieben beim Coupé fortan die Dreiecksfenster zu. Während schon seit 1968 das Motorgehäuse aller 911 aus einer Magnesium-Legierung bestand, kamen im neuen 911 S geschmiedete Kolben zum Einsatz. Das hatte seinen Preis: Die Anschaffungskosten des „S" kletterten im Sommer 1969 auf 27.140 DM. Für die Targa-Version waren 29.090 DM zu bezahlen.

Seit den 1960er-Jahren ein Klassiker wie der 911 selbst: die Leichtmetallräder der Firma Fuchs.

TECHNISCHE DATEN	
Produktion	1969–1971
Stückzahl	4.650
Karosserie	2+2-sitziges Coupé/Targa
L x B x H (mm)	4.163 x 1.610 x 1.320
Radstand (mm)	2.268
Leergewicht (kg)	1.075
Motoranordnung	Heck
Antrieb	Heck
Bauform Motor	Boxer
Zylinder	6
Hubraum (cm³)	2.195
Bohrung x Hub (mm)	84,0 x 66,0
Leistung (PS)	190
Drehmoment (Nm)	199
V_{max} (km/h)	225
0–100 km/h (s)	8,0

1971

911 T 2.4

Optisch unverändert: Die Modellüberarbeitung war äußerlich praktisch nicht zu erkennen.

TECHNISCHE DATEN	
Produktion	1971–1973
Stückzahl	17.320
Karosserie	2+2-sitziges Coupé/Targa
L x B x H (mm)	4.147 x 1.610 x 1.320
Radstand (mm)	2.271
Leergewicht (kg)	1.110
Motoranordnung	Heck
Antrieb	Heck
Bauform Motor	Boxer
Zylinder	6
Hubraum (cm³)	2.341
Bohrung x Hub (mm)	84,0 x 70,4
Leistung (PS)	130
Drehmoment (Nm)	196
V_{max} (km/h)	205
0–100 km/h (s)	10,0

Gerade einmal zwei Jahre nachdem Porsche den Hubraum der 911-Baureihe angehoben hatte, erfolgte eine weitere Modifikation an dem Triebwerk. Um abermals mehr Hubraum zu erhalten, wurde der Hub verlängert. In Summe war das Boxeraggregat nun 2,4 Liter groß. Im 911 T blieben allerdings zwei wesentliche Merkmale des Vorgängertriebwerks unangetastet. So verfügte der Motor weiterhin über zwei Dreifachvergaser, und er besaß weiterhin die niedrigste Verdichtung der drei Ausbaustufen des 911. Diese war allerdings nochmals gesenkt worden und betrug nun 7,5:1.

Entsprechend kletterte die Leistung des 911 T nur um fünf auf 130 PS. Damit übernahm das Fahrzeug weiterhin die Rolle des Einstiegsmodells in die Welt des 911. Allerdings hob Porsche zeitgleich die Preise an, sodass der „T" mit nunmehr 22.980 DM zu Buche schlug – immerhin exakt 3.000 DM weniger als der „vollwertige" 911 E. Vor dem Hintergrund des geringen Leistungsanstiegs überraschte es nicht, dass bei den Fahrleistungen praktisch alles beim Alten blieb und der 911 T weiterhin knapp die 200-km/h-Marke passierte. Subjektiv legte er allerdings bei der Fahrdynamik zu, weil durch die Motorüberarbeitung das Drehmoment spürbar anstieg: Der „T" besaß nun maximal 196 Newtonmeter, die bei abgesenkten 4.000 U/min anlagen.

Unverändert war der 911 T als Coupé und als Targa erhältlich und besaß serienmäßig ein 4-Ganggetriebe. Es konnte gegen die 5-Stufenversion oder die halbautomatische Sportomatic mit vier Gängen getauscht werden.

Auch wenn es rückblickend überrascht: Schon Ende der 1960er-Jahre verschärften sich in den USA die Abgasnormen. Auf Porsche wirkte sich diese Änderung unmittelbar aus, schließlich ging seit Mitte der 1950er-Jahre ein Großteil der Produktion nach Nordamerika. Um der Verschärfung rechtzeitig entgegenzuwirken, führte Porsche 1968 erstmals die Benzineinspritzung ein, die erhebliche Vorteile bei Verbrauch und Abgasemission brachte.

Doch schon 1971 war ein weiterer wichtiger Schritt notwendig: Zur Abgasentgiftung, wie es damals hieß, wurde es erforderlich, alle Motoren auf Normalbenzin umzustellen. Dazu wurde die Verdichtung reduziert, die beim 911 E von 9:1 auf 8:1 sank. Um den damit einhergehenden Leistungsverlust auszugleichen, vergrößerten die Techniker den Hubraum, indem sie die Brennräume verlängerten. So besaß der „E" – wie alle anderen 911 auch – 2,4 Liter Hubraum. Trotz der Umstellung auf Normalbenzin stieg die Motorleistung um zehn auf 165 PS. Auch das Drehmoment wurde spürbar stärker und erreichte jetzt einen Maximalwert von 206 Newtonmetern. Das reichte aus, um auch die Fahrleistungen zu verbessern: Die Höchstgeschwindigkeit kletterte auf 225 km/h, der Sprint auf Tempo 100 war in 8,5 Sekunden vollzogen.

Von außen war die 2,4-Liter-Version praktisch nicht vom Vorgänger zu unterscheiden – außer am Typenschild „911 2.4". Schon die Lüftungsgitter in Schwarz wurden nicht als Kriterium wahrgenommen und schon gar nicht der um drei Millimeter verlängerte Radstand.

Forderung aus den USA: Die Hubraumerhöhung war eine direkte Konsequenz der Abgasentgiftung.

TECHNISCHE DATEN	
Produktion	1971–1973
Stückzahl	4.366
Karosserie	2+2-sitziges Coupé/Targa
L x B x H (mm)	4.147 x 1.610 x 1.320
Radstand (mm)	2.271
Leergewicht (kg)	1.110
Motoranordnung	Heck
Antrieb	Heck
Bauform Motor	Boxer
Zylinder	6
Hubraum (cm³)	2.341
Bohrung x Hub (mm)	84,0 x 70,4
Leistung (PS)	165
Drehmoment (Nm)	206
V_{max} (km/h)	225
0–100 km/h (s)	8,5

1971 911 S 2.4

Erstmals mit Spoiler: Der 911 S 2.4 wurde als erster Porsche serienmäßig mit Frontspoiler ausgeliefert.

TECHNISCHE DATEN	
Produktion	1971–1973
Stückzahl	5.054
Karosserie	2+2-sitziges Coupé/Targa
L x B x H (mm)	4.147 x 1.610 x 1.320
Radstand (mm)	2.271
Leergewicht (kg)	1.075
Motoranordnung	Heck
Antrieb	Heck
Bauform Motor	Boxer
Zylinder	6
Hubraum (cm³)	2.341
Bohrung x Hub (mm)	84,0 x 70,4
Leistung (PS)	190
Drehmoment (Nm)	216
V_{max} (km/h)	230
0–100 km/h (s)	7,5

Zwei Jahre, nachdem der 911 S überarbeitet worden war, stand bereits die nächste Modellüberarbeitung an. Und wieder betraf sie vor allem den Hubraum. Innerhalb weniger Jahre wuchs dieser um 20 Prozent und erreichte im Sommer das Maß von 2,4 Litern. Konkret wurde der Kolbenhub verlängert, der nun 70,4 statt 66,0 Millimeter betrug. Um das Triebwerk auf Normalbenzin umzustellen, wurde die Verdichtung auf 8,5:1 gesenkt, wodurch das Potenzial des größeren Hubraums nicht vollständig zur Geltung kam: Immerhin war das Aggregat nun weitere zehn PS stärker, in Summe also 190 PS. Und auch das maximale Drehmoment stieg auf 216 Newtonmeter.

Mit einer Höchstgeschwindigkeit von 230 km/h und einem Spurtvermögen von 7,5 Sekunden setzte der 911 S neue Maßstäbe, bis er ein Jahr später vom 911 Carrera RS überholt wurde.

Dass der Preisanstieg für den neuen „S“ eher moderat ausfiel, hatte seine Gründe: So rüstete Porsche den 911 S ab Werk wieder auf ein neu entwickeltes 4-Ganggetriebe zurück, während das 5-Ganggetriebe aufpreispflichtig war. Dafür gab es nun erstmals optional die Sportomatic. Serienmäßig gehörte zum „S“ ein völlig neuer Frontspoiler, der ein bisschen den Look des „RS“ vorwegnahm. Allerdings konnten auch Käufer des 911 T und 911 E das Bauteil als Extra für ihr Fahrzeug ordern. Zudem erhielten alle Versionen einen externen Öleinfüllstutzen am rechten hinteren Kotflügel. Dieser verschwand aber nach einem Jahr bereits wieder und wanderte ganz konventionell zurück in den Motorraum.

911 Carrera RS

1972

Auf dem Pariser Autosalon 1972 präsentierte Porsche eine Sensation: Dort stand mit dem 911 Carrera RS der bis dahin schnellste deutsche Seriensportwagen. Intention hinter dem neuen Topmodell, das den 911 S klar in den Schatten stellte, waren Homologationsrichtlinien für den Motorsport. Mindestens 500 Exemplare musste Porsche bauen. Letztlich entstand aber die dreifache Zahl, selbst wenn man für den „RS" 35.500 DM verlangte.

Als Antrieb diente der Boxermotor, dessen Bohrungen auf 90 Millimeter erweitert worden waren und der in Summe einen Hubraum von 2,7 Litern besaß. Mit 210 PS übersprang erstmals ein Straßen-Porsche die 200er-Marke. Das äußerte sich auch in der Performance, schließlich galten 240 km/h in jener Zeit als fast unerreichbar. Und auch die Beschleunigung auf 100 km/h absolvierte der „RS" in der Fabelzeit von 5,3 Sekunden. Kurz vor Ende der Produktion des 911 in seiner Ur-Form – das „G-Modell" war bereits vorgestellt – rüstete Porsche ab Ende 1973 den 911 Carrera RS sogar mit einem 3,0-Liter-Motor (erreicht durch größeren Hub) aus. Von dem 245 km/h schnellen Renner entstanden 110 Exemplare.

Optisch markant war der Heckspoiler („Entenbürzel"), den alle „RS" bekamen. Häufig waren überdies ein großer seitlicher Schriftzug und lackierte Felgen anzutreffen. Dagegen rollten alle Modelle stets auf Rädern, deren Größe sich vorne und hinten unterschied – ein Novum bei Porsche. Eine Option war es indes, statt der Normal- eine 960 Kilogramm leichte Sportversion zu wählen.

Legende bis heute: Der 911 Carrera RS wurde durch Leistung und Look zu einem Meilenstein.

TECHNISCHE DATEN	
Produktion	1972–1974
Stückzahl	1.580 (110)*
Karosserie	2+2-sitziges Coupé
L x B x H (mm)	4.147 x 1.652 x 1.320
Radstand (mm)	2.271
Leergewicht (kg)	1.075 (1.060)*
Motoranordnung	Heck
Antrieb	Heck
Bauform Motor	Boxer
Zylinder	6
Hubraum (cm³)	2.687 (2.994)*
Bohr. x Hub (mm)	90,0 x 70,4 (95,0 x 70,4)*
Leistung (PS)	210 (230)*
Drehmoment (Nm)	255 (275)*
V_{max} (km/h)	230 (245)*
0–100 km/h (s)	6,3 (5,3)*

* 911 Carrera RS 3.0

1965 912

Sparversion: Der 912 hatte die Optik des 911, besaß aber den Vierzylindermotor des 356.

TECHNISCHE DATEN	
Produktion	1965–1969
Stückzahl	30.895
Karosserie	2+2-sitziges Coupé/Targa
L x B x H (mm)	4.163 x 1.610 x 1.320
Radstand (mm)	2.211
Leergewicht (kg)	970
Motoranordnung	Heck
Antrieb	Heck
Bauform Motor	Boxer
Zylinder	4
Hubraum (cm³)	1.582
Bohrung x Hub (mm)	82,5 x 74,0
Leistung (PS)	90
Drehmoment (Nm)	122
V_{max} (km/h)	185
0–100 km/h (s)	13,5

Die Preisdifferenz zwischen dem neuen 911 und dem 356 war beachtlich. Selbst vom „SC" mit 95 PS waren es noch 5.450 DM bis zum neuen Modell – immerhin gut ein Viertel des gesamten Kaufpreises des 911. Vor diesem Hintergrund stellte Porsche im Frühjahr 1965 den 912 vor, der parallel zum 911 angeboten wurde. Äußerlich war er praktisch nicht vom 911 zu unterscheiden, sieht man vom Typenschild ab.

Ein Blick unter die Motorhaube offenbarte allerdings die wahren Unterschiede: Der 912 war mit dem Vierzylinder-Boxermotor des 356 ausgestattet – im Wesentlichen in jener Ausbaustufe, die zuvor im 356 SC ihren Dienst verrichtet hatte. Allerdings erreichte das 1,6 Liter große Triebwerk nun 90 PS – fünf PS weniger als zuvor im 356 SC. Mit 122 Newtonmetern blieb das Drehmoment allerdings weitgehend gleich. Wie beim großen Bruder kam auch im 912 serienmäßig ein 4-Ganggetriebe zum Einsatz, das gegen Aufpreis auch gegen die 5-Gangversion getauscht werden konnte, während die Sportomatic nie zur Option wurde.

Der 912 lief 185 km/h – klar langsamer als der 911 und auch nicht schneller als der 356 SC, der bei der Beschleunigung sogar leicht die Nase vorne hatte. Dafür war der Preis mit 16.250 DM eine günstige Möglichkeit, die neue Welt von Porsche zu erleben. Da war es zu verschmerzen, dass das Cockpit des 912 nur aus drei Rundinstrumenten bestand (die fünf Uhren des 911 waren aber gegen Aufpreis erhältlich), zumal sich der neue Kleine nicht so schwierig fuhr: Dank des leichteren Motors war er merklich ausgewogener.

904 Carrera GTS 1964

Die Regularien des GT-Sports schrieben zu Beginn der 1960er-Jahre vor, dass zur Homologation eine Straßenversion mindestens 100-mal gebaut werden musste. Das zwang Porsche dazu, den Nachfolger des Renn-Roadsters 718 (von dem keine Straßenversion entstand) auch öffentlich anzubieten. Obwohl der Preis des 904 Carrera GTS mit 29.700 DM exorbitant hoch war, fanden sich insgesamt 116 Käufer. Wie beim 901 legte allerdings Peugeot auch in diesem Fall Einspruch gegen die Bezeichnung ein, sodass der Supersportwagen nur unter der Bezeichnung Carrera GTS vermarktet wurde.

Der 904 Carrera GTS besaß eine für damalige Zeiten extrem ungewöhnliche Mittelmotor-Anordnung und ein außergewöhnlich schnittiges Design, das aus der Feder von Ferdinand Alexander Porsche stammte. Doch nicht nur die Formgebung der Karosserie war wegweisend, sondern auch ihr Material: Als erster Porsche verfügte der 904 Carrera GTS über eine Außenhaut aus glasfaserverstärktem Kunststoff. Sie machte den Zweisitzer gerade einmal 730 Kilogramm schwer.

Form und Material trugen entscheidend dazu bei, dass der 904 Carrera GTS sensationelle Fahrleistungen erreichte und 252 km/h schnell war. Fahrzeuge, die über die Sportabgasanlage verfügten, brachten es sogar auf 262 km/h. In beiden Fällen wurde der Wagen zum schnellsten Straßen-Porsche – ein Rekord, den er bis Ende der 1970er-Jahre innehatte. Dabei fiel die Antriebsquelle vergleichsweise bescheiden aus: Es war der 155 PS starke 2,0-Vierzylinder aus dem 356 Carrera 2.

Sportgerät: Der 904 war ein Auto für die Rennstrecke, das zulassungsfähig sein musste.

TECHNISCHE DATEN	
Produktion	1964–1965
Stückzahl	106
Karosserie	2-sitziges Coupé
L x B x H (mm)	4.090 x 1.540 x 1.065
Radstand (mm)	2.300
Leergewicht (kg)	740
Motoranordnung	Mitte
Antrieb	Heck
Bauform Motor	Boxer
Zylinder	4
Hubraum (cm³)	1.966
Bohrung x Hub (mm)	92,0 x 74,0
Leistung (PS)	155
Drehmoment (Nm)	169
V_{max} (km/h)	252
0–100 km/h (s)	5,5

1969

914 1.7

Schnäppchen: Mit dem VW-Porsche 914 1.7 erreichte die Marke eine ganz neue Käuferschaft.

TECHNISCHE DATEN	
Produktion	1969–1973
Stückzahl	65.351
Karosserie	2-sitziger Targa
L x B x H (mm)	3.985 x 1.650 x 1.230
Radstand (mm)	2.450
Leergewicht (kg)	940
Motoranordnung	Mitte
Antrieb	Heck
Bauform Motor	Boxer
Zylinder	4
Hubraum (cm³)	1.679
Bohrung x Hub (mm)	90,0 x 66,0
Leistung (PS)	80
Drehmoment (Nm)	133
V_{max} (km/h)	177
0–100 km/h (s)	13,0

Nachdem rund 20 Jahre lang das Porsche-Modellprogramm aus einer Baureihe bestanden hatte, reifte Mitte der 1960er-Jahre der Entschluss, parallel einen zweiten Typ anzubieten. Die Schwaben setzten dabei auf eine Kooperation mit Volkswagen. Aus ihr ging der VW-Porsche hervor, ein zweisitziger Mittelmotor-Sportwagen mit herausnehmbarem Dachmittelteil. Die meisten Fahrzeuge wurden bei Karman in Osnabrück gefertigt.

Von Beginn an war der 914 in zwei Motorisierungen erhältlich. Die Basisversion hieß nur 914 (sie wurde bisweilen auch als 914/4 bezeichnet) und bekam 1972 den offiziellen Zusatz 1.7, der ein Hinweis auf den Hubraum des Vierzylinder-Boxermotors war. Das Aggregat stammte vom VW 411 E und verfügte über eine Einspritzanlage. Seine 80 PS machten den nur 940 Kilogramm leichten Wagen 177 km/h schnell – viel für einen Volkswagen, eher wenig für einen Porsche. Auch fiel das Drehmoment mit 133 Newtonmetern bescheiden aus.

Obwohl das technische Gesamtkonzept des 914 stimmig war, hatte der 12.560 DM teure Wagen von Beginn an mit Image-Problemen zu kämpfen – vom Volks-Porsche war oft die Rede. Obwohl zur damaligen Zeit Mittelmotor-Sportwagen als das Nonplusultra galten, wurde das Konzept beim 914 als eher funktional empfunden. Dabei spielte eine Rolle, dass die breite Karosserie (der 914 maß vier Zentimeter mehr als der 911) für viel Platz im Innenraum sorgte und die beiden Kofferräume vorne und hinten in Summe 370 Liter Stauraum boten. 1973 wurde der 914 1.7 vom 914 1.8 abgelöst.

Parallel zum Basismodell, dem 914 mit 1,7-Liter-Vierzylindermotor, bot Porsche den 914/6 an. Er sollte vor allem Porsche affine Kunden ansprechen, während mit der kleineren Version eher sportliche VW-Fahrer umworben werden sollten. Entsprechend bekam der 914/6 einen Sechszylinder-Boxermotor spendiert. Dabei handelte es sich um die 2,0 Liter große Version, die bis zu diesem Zeitpunkt im 911 T ihren Dienst verrichtet hatte. Während der Motor im „T" allerdings zweimal in Folge mehr Hubraum erhielt, blieb es beim bis 1972 gebauten „/6" bei 1.991 Kubikzentimetern sowie bei den beiden Dreifachvergasern. Damit war der 914/6 110 PS stark, rannte knapp über 200 km/h und sprintete in 9,9 Sekunden auf Tempo 100 – allesamt Werte, die dem 911 T kaum nachstanden.

Allerdings erreichte der VW-Porsche mit 19.000 DM auch fast das Preisniveau des Traum-Porsche, weswegen sich der 914/6 nur schwer verkaufte. Gemessen an den insgesamt rund 120.000 Exemplaren, die von der Baureihe gefertigt wurden, waren die 3.338 Exemplare des „/6" verschwindend gering. In diesem Punkt rächte sich auch die wenig prestigeträchtige Nähe zu VW, selbst wenn das Sechszylindermodell direkt bei Porsche in Zuffenhausen montiert wurde.

Nur dem US-Markt war es vorbehalten, den 914 als „echten" Porsche zu vermarkten – ohne VW-Logo und dafür mit Porsche-Markenemblem. Immerhin konnten sich deutsche Besitzer des 914/6 darüber freuen, dass im Fahrzeugbrief Porsche als Hersteller ausgewiesen war – in allen anderen Fällen war es Volkswagen.

Zu teuer: Der 914/6 ging als echter Porsche durch, war aber für größere Stückzahlen viel zu teuer.

TECHNISCHE DATEN	
Produktion	1969–1972
Stückzahl	3.338
Karosserie	2-sitziger Targa
L x B x H (mm)	3.985 x 1.650 x 1.240
Radstand (mm)	2.450
Leergewicht (kg)	940
Motoranordnung	Mitte
Antrieb	Heck
Bauform Motor	Boxer
Zylinder	6
Hubraum (cm^3)	1.991
Bohrung x Hub (mm)	80,0 x 66,0
Leistung (PS)	110
Drehmoment (Nm)	157
V_{max} (km/h)	201
0–100 km/h (s)	9,9

1972

914 2.0

Weniger zwei: Der 914 2.0 hatte fast die Performance des 914/6, war aber viel billiger.

TECHNISCHE DATEN	
Produktion	1972–1976
Stückzahl	32.522
Karosserie	2-sitziger Targa
L x B x H (mm)	3.985 x 1.650 x 1.230
Radstand (mm)	2.450
Leergewicht (kg)	950
Motoranordnung	Mitte
Antrieb	Heck
Bauform Motor	Boxer
Zylinder	4
Hubraum (cm³)	1.971
Bohrung x Hub (mm)	94,0 x 71,0
Leistung (PS)	100
Drehmoment (Nm)	157
V_{max} (km/h)	190
0–100 km/h (s)	10,5

Ein Jahr, bevor der 914/6 als Topmodell der Baureihe aus dem Programm genommen wurde, stellte Porsche den 914 2.0 vor. Er wurde zum Brückenglied zwischen Basis- und Spitzenmodell. Dazu kam der Vierzylinder-Boxermotor zum Einsatz, dessen Hubraum durch das Anheben von Bohrung und Hub auf 2,0 Liter erweitert worden war und damit genauso viel Volumen vorzuweisen hatte wie der 914/6. Im Gegensatz zum Topmodell war das 2,0-Liter-Triebwerk mit einer Kraftstoffeinspritzung ausgerüstet, die mithalf, den Vierzylinder effizient zu machen: So erreichte dieser mit 157 Newtonmetern das gleiche Drehmoment wie der Sechszylinder und blieb bei der Leistung nur zehn PS zurück. Weil der 914 2.0 insgesamt aber 40 Kilogramm leichter war, spielte dieses Defizit in den Fahrleistungen keine Rolle. Er erreichte 190 km/h und benötigte 10,5 Sekunden auf 100 km/h.

Verblüffend war dabei die Preispolitik: Während der 914 1.7 im Sommer 1972 14.000 DM kostete, war der 914 2.0 lediglich 400 DM teurer – und damit gut 5.500 DM billiger als der 914/6. Kein Wunder, dass sich der „2.0“ prächtig verkaufte. Insgesamt nahm er über ein Drittel der gesamten Produktion ein – und das, obwohl er nicht vom Neuheiteneffekt profitieren konnte.

Vermutlich hätten von der gesamten Baureihe noch mehr Fahrzeuge abgesetzt werden können, hätte es bei Einführung des 914 nicht einige Unstimmigkeiten gegeben: Neben anfänglichen Schwierigkeiten bei der Fertigungsqualität erwies sich vor allem die unklare Vermarktungssituation in Deutschland als nachteilig.

Nach dem Aus für den Porsche 914/6 mit dem Sechszylindermotor und der Einführung des neuen Spitzenmodells, dem 914 2.0, frischte Porsche auch das Basisfahrzeug auf. Dazu wurden die Bohrungen des VW-Triebwerks aufgeweitet, die statt 90 nun 93 Millimeter betrugen. Daraus resultierte für den Motor, der auch im VW 411 S zum Einsatz kam, ein Hubraum von 1,8 Litern – gerade einmal 100 Kubikzentimeter mehr als zuvor. Überraschend ruderte Porsche bei dieser Gelegenheit auch bei der Benzinzufuhr zurück, denn anstelle der bisherigen Einspritzanlage war das Aggregat nun mit Vergasern ausgestattet.

So überraschte es nicht, dass der Motor kaum stärker war: Mit 85 statt 80 PS und 138 statt 133 Newtonmetern galt das Triebwerk nicht gerade als Quantensprung. Auch die Fahrleistungen waren nahezu identisch. Auf den ersten Blick war es da nur positiv, dass Porsche den 914 1.8 mit 14.700 DM gerade mal 50 DM teurer als seinen Vorgänger machte. Allerdings gab es auch für 1.000 DM mehr den deutlich attraktiveren 914 2.0.

Der 914 1.8 kam in den Genuss sämtlicher Modifikationen, die Porsche bereits zum Modelljahr 1973 für die Baureihe eingeführt hatte. Dazu gehörte ein verstellbarer Beifahrersitz. Erst 1974 kamen aufpralldämpfende Stoßfänger mit Gummiummantelung für alle Versionen aus Pressstahl zum Einsatz. Das GT-Paket mit seinen Kotflügelbreiterungen blieb indes über den gesamten Produktionszeitraum hinweg nur eine Option für den 914/6. Aufgrund der rückläufigen Nachfrage wurde die Baureihe 1976 eingestellt.

Zu Unrecht im Abseits: Die ganze Baureihe litt unter der technischen Nähe zu Volkswagen.

TECHNISCHE DATEN	
Produktion	1973–1976
Stückzahl	17.773
Karosserie	2-sitziger Targa
L x B x H (mm)	3.985 x 1.650 x 1.230
Radstand (mm)	2.450
Leergewicht (kg)	950
Motoranordnung	Mitte
Antrieb	Heck
Bauform Motor	Boxer
Zylinder	4
Hubraum (cm³)	1.795
Bohrung x Hub (mm)	93,0 x 66,0
Leistung (PS)	85
Drehmoment (Nm)	138
V_{max} (km/h)	178
0–100 km/h (s)	12,0

1972

916

Verkalkuliert: Die Kosten für den 916 waren so noch, dass nur einige wenige Exemplare entstanden.

TECHNISCHE DATEN	
Produktion	1972
Stückzahl	11
Karosserie	2-sitziger Targa
L x B x H (mm)	4.010 x 1.740 x 1.230
Radstand (mm)	2.450
Leergewicht (kg)	1.000
Motoranordnung	Mitte
Antrieb	Heck
Bauform Motor	Boxer
Zylinder	6
Hubraum (cm^3)	2.341
Bohrung x Hub (mm)	84,0 x 70,4
Leistung (PS)	190
Drehmoment (Nm)	216
V_{max} (km/h)	233
0–100 km/h (s)	7,3

Es war naheliegend, dem 914 ein besseres Image durch eine betont sportliche Version einzuflößen. Zu diesem Zweck entschloss man sich bei Porsche, eine Kleinserie aufzulegen. Nur 50 Exemplare waren vom „Super-914“ geplant, der die Bezeichnung 916 erhielt. Als das Projekt schließlich umgesetzt wurde, fanden sich allerdings noch nicht einmal diese Käufer: Exakt elf Exemplare des 916 verließen letztlich Zuffenhausen. Wichtigster Grund dafür war die betriebswirtschaftliche Kalkulation. War man zunächst davon ausgegangen, das Fahrzeug für 35.000 DM anbieten zu können (der Preis des 911 Carrera RS!), wurden es schließlich 40.000 DM – obwohl der Wagen technisch sogar abgespeckt worden war.

Ursprünglich sollte ein über 200 PS starkes Triebwerk zum Einsatz kommen, doch schließlich begnügte man sich mit der 190 PS starken Version aus dem 911 S 2.4. Weil der Mittelmotor-Sportwagen nur 1.000 Kilogramm schwer war, erreichte der 916 eine Höchstgeschwindigkeit von 233 km/h und spurtete in 7,3 Sekunden auf Tempo 100.

Äußerlich unterschied sich der 916 deutlich vom 914: So besaß er ein fest geschweißtes Dachmittelteil, das die Steifigkeit merklich verbesserte und das durch seine Lackierung (ansonsten waren die Dächer schwarz) optische Akzente setzte. Auffällig waren auch die Kotflügelverbreiterungen aus dem GT-Paket des 914/6 und die geänderte Frontpartie. Der 916 war indes nicht die erste Extremversion der Baureihe: Bereits 1969 waren zwei Exemplare eines 914/8 mit Achtzylinderversion entstanden.

911 2.7 (G-Modell) **1973**

Sicherheitsauflagen: Vor allem US-Gesetze waren schuld daran, dass der 911 eine neue Optik bekam.

Im Sommer 1973 erfuhr der 911 zum ersten Mal eine behutsame Änderung in seiner Formgebung. Die leicht retuschierte Karosserie blieb stolze 16 Jahre im Programm. Weil Porsche bei der ersten Generation des 911 jährlich mehr oder weniger wichtige Modellüberarbeitungen vornahm, hatte man 1967 einen Zusatz-Buchstabencode eingeführt: das A-Modell. Die Fahrzeuge des Folgejahrs wurden zum B-Modell und entsprechend 1973 zum G-Modell. Auch wenn das Prinzip danach noch mehrere Jahre fortgeführt wurde, prägte sich fortan der Begriff „G-Modell“ als generelle Bezeichnung der 911-Versionen zwischen 1973 und 1989 ein.

Wichtigste optische Veränderung am neuen 911 waren seine Stoßfänger vorne und hinten. Sie waren die Folge verschärfter Zulassungsvorschriften in den USA, die einen unbeschadeten Aufprall aus geringer Geschwindigkeit vorsahen. Infolgedessen erhielt der 911 – vorne wie hinten – einen markanten Faltenbalg als Übergang zwischen Stoßfänger und Karosserie. Dass auch der Radstand um einige Millimeter verlängert wurde, fiel indes nicht auf – wohl aber das rote Leuchtenband, das den Schriftzug „Porsche“ enthielt und beide Rückleuchten miteinander verband. Bis zur Vorstellung des 996 im Jahr 1997 war es im Folgenden fester Bestandteil des Looks des 911.

Als Antriebsquelle diente dem neuen Einstiegsmodell, das offiziell nur als „911“ vermarktet wurde, der auf 2,7 Liter Hubraum erweiterte Boxermotor. Er leistete 150 PS (also weniger als zuvor der vergleichbare 911 E 2.4) und erhielt 1975 zusätzliche 15 PS.

TECHNISCHE DATEN	
Produktion	1973–1977
Stückzahl	9.320
Karosserie	2+2-sitziges Coupé/Targa
L x B x H (mm)	4.291 x 1.610 x 1.320
Radstand (mm)	2.271
Leergewicht (kg)	1.075
Motoranordnung	Heck
Antrieb	Heck
Bauform Motor	Boxer
Zylinder	6
Hubraum (cm^3)	2.687
Bohrung x Hub (mm)	90,0 x 70,4
Leistung (PS)	150 (ab 1975: 165)
Drehmoment (Nm)	235
V_{max} (km/h)	215 (ab 1975: 220)
0–100 km/h (s)	8,5 (ab 1975: 8,0)

1973 911 S 2.7 (G-Modell)

Weiter auch als Targa lieferbar: Vollcabrios waren dagegen in den 1970er-Jahren unpopulär.

TECHNISCHE DATEN	
Produktion	1973–1975
Stückzahl	7.978
Karosserie	2+2-sitziges Coupé/Targa
L x B x H (mm)	4.291 x 1.610 x 1.320
Radstand (mm)	2.271
Leergewicht (kg)	1.075
Motoranordnung	Heck
Antrieb	Heck
Bauform Motor	Boxer
Zylinder	6
Hubraum (cm³)	2.687
Bohrung x Hub (mm)	90,0 x 70,4
Leistung (PS)	175
Drehmoment (Nm)	235
V_{max} (km/h)	225
0–100 km/h (s)	7,6

Wie der Basis-911 bekam auch der sportlichere „S“ die überarbeitete Karosserie mit den ausladenderen Stoßfängern. Ebenso hielt das durchgängige Leuchtenband am Heck Einzug. Auch der Innenraum wurde gegenüber dem Vorgängermodell leicht modifiziert, zum Beispiel mit Sitzen mit hohen Rückenlehnen und integrierten Kopfstützen. Wahlweise war der 911 S (wie auch das Einstiegsmodell) als Coupé oder als Targa erhältlich.

Wie alle anderen Fahrzeuge der Baureihe besaß auch der „S“ den Sechszylinder-Boxermotor mit 2,7 Liter Hubraum, der ein Jahr zuvor in einer besonders leistungsstarken Variante im 911 Carrera RS debütiert hatte. Die Bosch-Einspritzanlage entlockte dem Triebwerk 175 PS, 25 mehr als in der Basisversion. Dagegen besaßen beide Motorversionen mit 235 Newtonmetern das identische Drehmoment, das beim „S“ sogar erst 200 U/min später erreicht wurde. Ungeachtet dessen war der 911 S eindeutig das dynamischere Auto, das mit seiner Höchstgeschwindigkeit von 225 km/h den 210 km/h schnellen Basis-911 klar abhängte. Auch beim Sprint auf Tempo 100 nahm ihm der „S“ eine Sekunde ab. Allerdings war der 911 S mit 31.000 DM auch 4.000 DM teurer als der 911 „ohne S“.

Serienmäßig war der 911 S wie alle anderen Versionen zu diesem Zeitpunkt auch mit einem 4-Ganggetriebe ausgestattet. Es konnte gegen die 5-Gangversion oder die weiterhin erhältliche Sportomatic getauscht werden. Insgesamt blieb der 911 S aber nur zwei Jahre im Modellprogramm und wurde im Sommer 1975 ersatzlos gestrichen.

911 Carrera 2.7 (G-Modell) 1973

Die Produktion des 911 Carrera RS war gerade erst richtig angelaufen, da präsentierte Porsche im Sommer 1973 einen weiteren „Carrera“. Er basierte allerdings bereits auf der neuen Karosserieform mit den markanten Stoßfängern. Außerdem war der 911 Carrera 2.7, anders als der „RS“, als Coupé und als Targa erhältlich.

Ein weiterer Unterschied war, dass der Neue ohne den berühmten „Entenbürzel“ auskam und nur gegen Aufpreis mit einem Heckspoiler geordert werden konnte. Dagegen gehörten Kotflügelverbreiterungen (vor allem hinten gut zu erkennen) zum Serienumfang: Sie machten den 911 Carrera 2.7 exakt 42 Millimeter breiter als den Basis-911. Somit konnte das neue Spitzenmodell hinten mit breiteren Reifen (215/60 VR 15) bestückt werden – zumal der Neue das Prinzip der Mischbereifung vom 911 Carrera RS übernommen hatte.

Als Antriebsquelle diente dem 911 Carrera 2.7 das 210 PS starke Aggregat des „RS“. Damit übernahm er auch die mechanische Saugrohr-Einspritzung, während die „kleineren“ Brüder bereits eine Bosch Jetronic vorweisen konnten. Beide „Carrera“ waren mit 240 km/h gleich schnell, sprinteten jeweils in 6,3 Sekunden auf Tempo 100 und wogen je 1.075 Kilogramm. Ganz offenbar hielten sich die Folgen der Ausstattungsänderungen für den Neuen die Waage: Anders als der „RS“ wurde er serienmäßig nur mit dem 4-Ganggetriebe ausgestattet, besaß dafür aber elektrische Fensterheber. Mit 38.000 DM legte er dafür beim Preis kräftig zu.

Nachgeahmt: Der 911 Carrera 2.7 besaß die Kotflügelverbreiterungen des „RS“, aber nicht den Spoiler.

TECHNISCHE DATEN	
Produktion	1973–1975
Stückzahl	7.978
Karosserie	2+2-sitziges Coupé/Targa
L x B x H (mm)	4.291 x 1.652 x 1.320
Radstand (mm)	2.271
Leergewicht (kg)	1.075
Motoranordnung	Heck
Antrieb	Heck
Bauform Motor	Boxer
Zylinder	6
Hubraum (cm³)	2.687
Bohrung x Hub (mm)	90,0 x 70,4
Leistung (PS)	210
Drehmoment (Nm)	255
V_{max} (km/h)	240
0–100 km/h (s)	6,3

1974 911 Turbo (G-Modell)

Bis heute Inbegriff für Leistung: Mit dem 911 Turbo erreichte Porsche ein neues Leistungsniveau.

TECHNISCHE DATEN	
Produktion	1974–1977
Stückzahl	2.850
Karosserie	2+2-sitziges Coupé
L x B x H (mm)	4.291 x 1.775 x 1.320
Radstand (mm)	2.272
Leergewicht (kg)	1.140
Motoranordnung	Heck
Antrieb	Heck
Bauform Motor	Boxer
Zylinder	6
Hubraum (cm³)	2.994
Bohrung x Hub (mm)	95,0 x 70,4
Leistung (PS)	260
Drehmoment (Nm)	343
V_{max} (km/h)	250
0–100 km/h (s)	5,5

Inmitten der Ölkrise wartete Porsche auf dem Pariser Salon 1974 mit einem Hammerschlag auf. Dort wurde die Serienversion des 911 Turbo gezeigt, nachdem ein Jahr zuvor auf der IAA ein noch radikalerer Prototyp gestanden hatte. Alleine schon optisch war das Fahrzeug beeindruckend, was durch zwei besondere Merkmale hervorgerufen wurde: Zum einen verfügte der 911 Turbo über einen (vor allem für damalige Verhältnisse) riesigen Heckspoiler, der deutlich Abtrieb produzierte; zum anderen fiel die Karosse des „Turbo“ mit 1.775 Millimetern nochmals breiter als die des 911 Carrera 2.7 aus. Beide Merkmale zusammen wurden fortan zum stilistischen Inbegriff für den 911 Turbo.

Im Heck des Fahrzeugs arbeitete der Sechszylinder-Boxermotor, dessen Hubraum durch eine größere Bohrung von 90 auf 95 Millimeter gewachsen war, woraus ein Gesamthubraum von 3,0 Litern resultierte. Das Entscheidende war allerdings der Turbolader, der als direkter Transfer aus dem Rennsport das Einspritz-Triebwerk beatmete. Er generierte satte 260 PS und ein maximales Drehmoment von 343 Newtonmetern. Mit 1.195 Kilogramm war der „Turbo“ zwar kein Leichtgewicht – und trotzdem fuhr der ausschließlich als Coupé lieferbare Wagen alles in Grund und Boden: Mit 250 km/h Höchstgeschwindigkeit war er das schnellste deutsche Straßenautomobil, während mit dem Sprintvermögen von 5,5 Sekunden eine neue Zeitrechnung begann. Allerdings auch beim Preis: Mit 65.800 DM war er doppelt so teuer wie ein „normaler“ 911.

911 Carrera 3.0 1975

Mit dem 911 Turbo hatte Porsche zweifelsfrei einen Volltreffer gelandet – zumindest bei der sehr gut situierten Kundschaft. Auch der „einfache“ 911 ging gut. Zwischen den Rändern konkurrierten allerdings zwei weitere Versionen um die Gunst der Käufer: der „Carrera“, der vom Nimbus „RS“ und seinem Namen profitierte, und der 911 S, der das Sportmodell im Programm war und dessen Stern nun zusehends verblasste. So war es letztlich nur logisch, dass Porsche die Produktion des „S“ im Sommer 1975 ohne Nachfolger auslaufen ließ.

Stattdessen erhielt der 911 Carrera eine Überarbeitung, um ihn besser in seiner Rolle als Bindeglied zwischen 911 und 911 Turbo aufgehen zu lassen. Dazu erhielt er den 3,0-Liter-Motor des „Turbo“, allerdings ohne die Abgasaufladung. Anders als der bisherige „Carrera“ war nun auch eine Jetronic von Bosch zur Einspritzung an Bord, sodass der Boxermotor letztlich glatte 200 PS stark war – zehn PS weniger als zuvor der 911 Carrera 2.7.

So war es letztlich keine Überraschung, dass der 911 Carrera 3.0 trotz des größeren Motors nicht ganz mit der Performance seines Vorgängers aufwarten konnte. Optisch unterstrich er seine Zwischenrolle auch durch seine Karosserie, deren Breite weiterhin zwischen 911 und 911 Turbo lag. Wahlweise war sie als Coupé und als Targa erhältlich, wobei der Bügel schwarz und nicht mehr chromfarben war. Der Außenspiegel war dafür in Wagenfarbe lackiert. Mit 44.950 DM war der „Carrera“ inzwischen stolze 10.000 DM teurer als der 165 PS starke Basis-911.

Schwarz statt Chrom: Die Bügel aller Targa-Modelle bekamen einen neuen Look, der bis 1993 blieb.

TECHNISCHE DATEN	
Produktion	1975–1977
Stückzahl	3.651
Karosserie	2+2-sitziges Coupé/Targa
L x B x H (mm)	4.291 x 1.652 x 1.320
Radstand (mm)	2.272
Leergewicht (kg)	1.120
Motoranordnung	Heck
Antrieb	Heck
Bauform Motor	Boxer
Zylinder	6
Hubraum (cm^3)	2.994
Bohrung x Hub (mm)	95,0 x 70,4
Leistung (PS)	200
Drehmoment (Nm)	255
V_{max} (km/h)	233
0–100 km/h (s)	6,5

1977 911 SC (G-Modell)

Schrumpfungsprozess: Ab 1977 gab es neben dem 911 Turbo nur noch eine Leistungsstufe des 911.

TECHNISCHE DATEN	
Produktion	1977–1983
Stückzahl	57.585
Karosserie	2+2-sitz. Coupé/Targa/Cabrio
L x B x H (mm)	4.291 x 1.652 x 1.320
Radstand (mm)	2.272
Leergewicht (kg)	1.160
Motoranordnung	Heck
Antrieb	Heck
Bauform Motor	Boxer
Zylinder	6
Hubraum (cm^3)	2.994
Bohrung x Hub (mm)	95,0 x 70,4
Leistung (PS)	180 (ab '79: 188; ab'80: 204)
Drehmoment (Nm)	265 (ab 1980: 267)
V_{max} (km/h)	225 (ab 1980: 235)

Nachdem 1974 kurzfristig vier Versionen des 911 angeboten wurden (911, 911 S, 911 Carrera und 911 Turbo), reduzierte sich diese Anzahl bis 1977 auf zwei: Neben dem 911 Turbo als Spitzenmodell umfasste das Programm noch den auf der IAA gezeigten 911 SC. Das Kürzel griff einen alten Begriff aus der 356-Ära auf und stand für Super Carrera. Der 911 SC war leistungsmäßig zwischen den beiden ehemaligen Modellen 911 und 911 Carrera angesiedelt. Er besaß 180 PS, die 1979 sogar auf 188 PS wuchsen.

Diese Leistung schöpfte er aus dem bekannten 3,0-Liter-Boxermotor, der zwar nun weniger Kraft besaß, aber dafür etwas mehr Drehmoment – 265 Newtonmeter. Neu war auch, dass der 911 SC ab Werk bereits mit dem 5-Ganggetriebe ausgestattet wurde. Die optionale Sportomatic hatte inzwischen nur drei Gänge und blieb auch nur noch bis Ende 1979 im Programm. Optisch entsprach der 911 SC dem bisherigen 911 Carrera. Das bedeutete, dass er die 1.652 Millimeter breite Karosserie besaß, die zum Basismaß für den 911 wurde.

18 Jahre lang waren die Targa-Modelle die einzige Möglichkeit gewesen, offen im 911 unterwegs zu sein. Sehr zu Freude der Fans bot Porsche ab 1982 auch ein Vollcabrio (zusätzlich zum Targa) an. Kurz zuvor war das Triebwerk kräftig überarbeitet worden (Erhöhung der Verdichtung, Superbenzin), das nun mit 204 PS aufwartete und den 911 SC 235 km/h schnell machte. Insgesamt schossen die Preise während der Bauzeit des „SC" kräftig nach oben: Hatte das Coupé 1977 noch 39.900 DM gekostet, waren es 1983 57.875 DM!

911 Turbo 3.3 (G-Modell) 1977

Gewachsen: Der neue 911 Turbo hatte 3,3 Liter Hubraum, 300 PS und einen größeren Heckspoiler.

Während die Entwicklung des „Carrera" zum „SC" eher einen Rückschritt darstellte, legte der 911 Turbo zu diesem Zeitpunkt noch einen Zahn zu. Satte 40 PS erhielt das Spitzenmodell zusätzlich, wodurch er auf glatte 300 PS kam – ein für damalige Zeiten atemberaubender Wert, der zwölf Jahre lang unangetastet blieb! Die Kraftkur, bei der auch das Drehmoment auf 412 Newtonmeter anwuchs, beruhte auf einer Erhöhung des Hubraums auf 3,3 Liter, mit der gleichzeitig eine Steigerung der Verdichtung auf 7,0:1 einherging. Außerdem hatte die Turbotechnik einen gewaltigen Fortschritt gemacht, und so wurde das neue Triebwerk mit einem Ladeluftkühler versehen.

Am bissigen Charakter des 911 Turbo änderte das freilich nichts – wohl aber an der Optik. Denn um den zusätzlichen Kühler wirkungsvoll unterzubringen, musste der Heckflügel umgestaltet und vergrößert werden, was ihn noch wuchtiger machte. Ansonsten war der Fortschritt äußerlich nicht zu erkennen, denn nur Insider nahmen die neuen Bremszangen und die gelochten Bremsscheiben wahr.

Auch wenn das Fahrzeug offiziell 911 Turbo heiß, tauchte, wie schon bei der 3,0-Liter-Version, bisweilen die Bezeichnung 930 auf – der interne Entwicklungscode des „Turbo". Ab Jahresbeginn 1987 wurde der 911 Turbo zusätzlich auch als Targa und Cabrio angeboten, während ganz zu Ende seiner Laufbahn das serienmäßige 4-Ganggetriebe gegen eine 5-Gangversion getauscht wurde. Zudem entstanden ab 1983 insgesamt 948 Flachbauversionen, die anstelle der Rundscheinwerfer die Klapplichter des 944 nutzten.

TECHNISCHE DATEN	
Produktion	1977–1989
Stückzahl	16.535
Karosserie	2+2-sitz. Coupé/Targa/Cabrio
L x B x H (mm)	4.291 x 1.775 x 1.310
Radstand (mm)	2.272
Leergewicht (kg)	1.300 (ab 1986: 1.335)
Motoranordnung	Heck
Antrieb	Heck
Bauform Motor	Boxer
Zylinder	6
Hubraum (cm³)	3.299
Bohrung x Hub (mm)	97,0 x 74,4
Leistung (PS)	300
Drehmoment (Nm)	412
V_{max} (km/h)	260
0–100 km/h (s)	5,4

1983 911 Carrera 3.2 (G-Modell)

Rückkehr des Vollcabrios: Das 911 Carrera Cabrio wurde zum Inbegriff für offene Sportwagen.

TECHNISCHE DATEN	
Produktion	1983–1989
Stückzahl	74.026
Karosserie	2+2-sitz. Coupé/Targa/Cabrio
L x B x H (mm)	4.291 x 1.652 x 1.320
Radstand (mm)	2.272
Leergewicht (kg)	1.160 (ab 1986: 1.210)
Motoranordnung	Heck
Antrieb	Heck
Bauform Motor	Boxer
Zylinder	6
Hubraum (cm³)	3.164
Bohrung x Hub (mm)	95,0 x 74,4
Leistung (PS)	231
Drehmoment (Nm)	284
V_{max} (km/h)	245
0–100 km/h (s)	6,1

Das wenig mitreißende Kürzel SC verschwand bereits nach sechs Jahren, denn auf der IAA stellte Porsche 1983 eine Weiterentwicklung der Baureihe vor, die wieder die wohlklingende Bezeichnung Carrera trug. Im Unterschied zum letzten Namensvetter, der seine Kraft aus 3,0 Liter Hubraum schöpfte, besaß der neue 911 Carrera 3,2 Liter Hubraum. Das „Mehr" resultierte aus einer Anhebung des Hubs auf 74,4 Millimeter. Der Leistungssprung war gewaltig, denn fortan war der 911 Carrera mit 231 PS und 284 Newtonmetern unterwegs und konnte bis zu 245 km/h schnell sein.

Doch das Performance-Plus war nicht der einzige Aspekt, den das neue Triebwerk zu bieten hatte. Aufgrund der digitalen Einspritzanlage war der Verbrauch merklich zurückgegangen. Für das aufkommende Thema Abgaskatalysator reichte das aber nicht aus. Wer sich in Europa für den ab Herbst 1986 erhältlichen 911 Carrera mit „Kat" entschied, erhielt eine saubere, aber nur 217 PS starke Version des Boxermotors. Kunden in den USA, für die es bereits schon einige Jahre länger eine Katalysatorversion gab, mussten sogar mit 207 PS auskommen.

Wahlweise war der 911 Carrera als Coupé, Targa oder als begehrtes Cabrio bestellbar. Alle drei Versionen konnten mit dem „Turbo"-Look ausgestattet werden – also mit Frontspoiler und Heckflügel. Erstmals enthielt das Paket aber auch die Fahrwerksabstimmung des 911 Turbo. Den rasanten Preisanstieg des „SC" setzte der „Carrera" allerdings fort: 1983 kostete er 61.950 DM, sechs Jahre später über 25 Prozent mehr!

911 SC/RS (G-Modell) 1984

Anfang der 1980er-Jahre entstand das Motorsportreglement der „Gruppe B“. Porsche reagierte schnell und präsentierte bereits auf der IAA 1983 ein Concept-Car, aus dem später der 959 entstand. Um aber noch schneller am Ball zu sein, entwickelten die Schwaben auch eine deutlich seriennähere Version eines Gruppe-B-Fahrzeugs, das bereits 1984 gefertigt wurde. Durch die Nähe zum existierenden 911 reichte es aus, 20 Exemplare zu fertigen, weil das neue Modell lediglich als Evolution betrachtet wurde.

Auch wenn zu dieser Zeit der Name Carrera seine Rückkehr in die 911-Baureihe feierte, bekam die stark motorsportlich angehauchte, aber uneingeschränkt zulassungsfähige Sonderserie ein anderes Kürzel: 911 SC/RS. Der Bezug zum „SC“ beruhte auf dem eingesetzten Triebwerk, das weiterhin 3,0 Liter groß war. Während es bislang im 911 SC 204 PS stark gewesen war, erreichte es jetzt 250 PS – wohlgemerkt als Saugmotor! Dafür waren eine höhere Verdichtung und die Zylinderköpfe aus dem Rennwagen 935 verantwortlich. Daneben hatte auch der 911 Turbo einiges beigesteuert: Bremsen, Fahrwerk, Karosserie und die 16-Zoll-Räder.

Die hervorragenden Fahrleistungen – der 911 SC/RS war 255 km/h schnell und benötigte nur 5,3 Sekunden, um auf 100 km/h zu sein – waren auch die Folge des über 100 Kilogramm geringeren Fahrzeuggewichts (leichtere Schalensitze, Dünnglas, Kunststoff, Entfall der Rückbank). Trotzdem war dem 911 SC/RS keine große Karriere als Rennfahrzeug beschieden: Gegen die aufkommenden „Gruppe-B-Monster“ wirkte er blass.

Seriennaher Gruppe-B-Versuch: Als Motorsportbasis gedacht, blieb der 911 SC/RS eine Rarität.

TECHNISCHE DATEN	
Produktion	1984
Stückzahl	20
Karosserie	2-sitziges Coupé
L x B x H (mm)	4.235 x 1.775 x 1.290
Radstand (mm)	2.272
Leergewicht (kg)	1.057
Motoranordnung	Heck
Antrieb	Heck
Bauform Motor	Boxer
Zylinder	6
Hubraum (cm³)	2.994
Bohrung x Hub (mm)	95,0 x 70,4
Leistung (PS)	250
Drehmoment (Nm)	250
V_{max} (km/h)	255
0–100 km/h (s)	5,3

1989 911 Carrera Speedster (G-Modell)

Wie einst in den 50ern: Der 911 Speedster ließ die Tradition niedriger Scheiben wieder aufleben.

TECHNISCHE DATEN	
Produktion	1989
Stückzahl	2.274
Karosserie	2-sitziges Cabrio
L x B x H (mm)	4.291 x 1.775 x 1.320*
Radstand (mm)	2.272
Leergewicht (kg)	1.290
Motoranordnung	Heck
Antrieb	Heck
Bauform Motor	Boxer
Zylinder	6
Hubraum (cm³)	3.164
Bohrung x Hub (mm)	95,0 x 74,4
Leistung (PS)	231
Drehmoment (Nm)	284
V_{max} (km/h)	245
0–100 km/h (s)	6,1*

* Breite Schmalversion: 1.652 mm

Auf der IAA stellte Porsche 1987 ein Concept-Car vor, das zunächst ein geteiltes Echo hervorrief, zu Jahresbeginn 1989 dann aber doch in Produktion ging: der 911 Carrera Speedster. In seinen wesentlichen technischen Grundzügen basierte er auf dem 911 Carrera Cabrio und nutzte entsprechend auch dessen Motor. Dieser blieb im „Speedster" unangetastet und leistete entsprechend 231 PS, in Katalysatorausführung 217 PS.

Die Besonderheit des 911 Carrera Speedster lag in seinem Karosseriekonzept. Durch die merklich niedrigere Windschutzscheibe entstand bei geschlossenem Verdeck eine Art Buckel, wie es schon bei den namensgleichen Modellen auf Basis des 356 gewesen war. In bester Tradition war das Dach natürlich nur per Hand zu öffnen. Anstelle der beim 911 Cabrio üblichen Stoffpersenning konnte das Verdeck unter einer aufsetzbaren Kunststoffhaube verstaut werden. Sie besaß zwei Höcker, die mit zum imposanten Erscheinungsbild des „Speedster" beitrugen. Noch aufregender wurde der Wagen, wenn die Frontscheibe mitsamt der A-Säule demontiert war: Eine spezielle Kunststoffabdeckung verschloss daraufhin den Innenraum und ließ nur dem Fahrer eine Luke, um ein bisschen Monoposto-Feeling zu erleben.

Der Preis für diese Show war allerdings hoch: Rund 12.000 DM kostete der 911 Carrera Speedster mehr als das 98.375 DM teure Cabrio – bei gleichzeitig reduzierter Komfortausstattung. Wahlweise war der „Speedster" als Breitbau im „Turbo"-Look zu haben. Für die in Deutschland nicht angebotene Standardversion entschieden sich ohnehin nur wenige Kunden.

912 E (G-Modell)

Die Nachfrage nach dem 912 hatte sich stets in Grenzen gehalten, bis das Fahrzeug durch eine geschickte Modellpolitik 1969 ganz überflüssig wurde: Der 914 war noch preiswerter, während der etwas teurere 911 T den Käufern das Gefühl gab, einen „richtigen“ 911 zu fahren. Diese Situation änderte sich allerdings schlagartig, als 1975 die Fertigung des 914 auslief und seitens des 911 der „T“ ebenfalls verschwand. Nun drängte insbesondere der nordamerikanische Markt darauf, wieder einen preisgünstigeren 911 anzubieten, da der brandneue 924 noch nicht für die USA homologiert war.

Die Antwort darauf hieß 912 E und war ausschließlich in Nordamerika erhältlich. Optisch unterschied er sich nicht von dem „neuen“ 911, zumal dieser ja ohnehin die US-tauglichen Stoßfänger erhalten hatte. Auch rollte der 912 E auf den gleichen 15-Zoll-Rädern wie sein renommierterer Bruder und war, ebenso wie dieser, sowohl als Coupé als auch als Targa erhältlich. Die Abmessungen der Karosserie entsprachen dem 911 2.7 und damit der schmalen Variante des 911.

Schmal fiel auch die Motorisierung aus: Es war der Vierzylinder-Boxermotor aus dem 914 2.0, der auch im 912 E gerade einmal 90 PS leistete und ganz genau betrachtet kein Porsche-, sondern ein VW-Triebwerk war. Eine modernere Einspritzanlage sorgte allerdings dafür, dass der 2,0-Liter-Motor im 912 E abgasärmer war als im 914 2.0. Ganz offensichtlich konnte sich in den USA aber trotzdem kaum jemand für die Sparversion begeistern, deren Fertigung nach einem Jahr wieder eingestellt wurde.

Nur für die USA: Der 912 E hatte den Vierzylindermotor des 914 2.0 und die Karosse des „G-Modells“.

TECHNISCHE DATEN	
Produktion	1975–1976
Stückzahl	2.099
Karosserie	2+2-sitziges Coupé
L x B x H (mm)	4.291 x 1.6[illegible]0 x 1.340
Radstand (mm)	2.272
Leergewicht (kg)	1.160
Motoranordnung	Heck
Antrieb	Heck
Bauform Motor	Boxer
Zylinder	4
Hubraum (cm^3)	1.971
Bohrung x Hub (mm)	94,0 x 71,0
Leistung (PS))	90
Drehmoment (Nm)	133
V_{max} (km/h))	185
0–100 km/h (s)	13,5

1975 924

Kennzeichen Klappe: Der 924 unterstrich seine Alltagstauglichkeit mit einem großen Kofferraum.

TECHNISCHE DATEN	
Produktion	1975–1985
Stückzahl	121.191
Karosserie	2+2-sitziges Coupé
L x B x H (mm)	4.213 x 1.685 x 1.270
Radstand (mm)	2.400
Leergewicht (kg)	1.080 (ab 1978: 1.130)
Motoranordnung	Front
Antrieb	Heck
Bauform Motor	Reihe
Zylinder	4
Hubraum (cm^3)	1.984
Bohrung x Hub (mm)	86,5 x 84,4
Leistung (PS)	125
Drehmoment (Nm)	162
V_{max} (km/h)	204
0–100 km/h (s)	10,5

Noch bevor die Produktion des VW-Porsche ausgelaufen war, erhielten die Schwaben den Entwicklungsauftrag für einen eigenständigen VW-Sportwagen. Doch weil dessen Kosten höher als geplant ausfielen, stiegen die Wolfsburger aus dem Projekt aus. Stattdessen entwickelte Porsche den Wagen eigenständig bis zur Serienreife fertig.

Mit dem 924 betrat das Unternehmen Neuland, denn zum ersten Mal besaß ein Porsche einen Frontmotor. Um die ungünstige Gewichtsverteilung auszugleichen, erhielt der 2+2-Sitzer mit der großen Heckklappe ein Vierganggetriebe in Transaxle-Anordnung – also eine Schaltbox an der Hinterachse. Trotz dieser für den Rennsport typischen Lösung erreichte der 924 nicht das von Porsche gewohnte und erwartete Handling.

Das lag vor allem an den vielen Audi-Komponenten, die als Bestandteil des VW-Konzepts übernommen worden waren. So stammte der Motor vom Audi 100 ab, war allerdings von Porsche gründlich überarbeitet worden: Immerhin erreichte er nun respektable 125 PS. Zudem kamen auch viele sichtbare Komponenten (vor allem im Innenraum) von Audi. Seine Entwicklungsgeschichte, die eher normale Technik und die Tatsache, dass er bei Audi in Neckarsulm gefertigt wurde, sorgten bei der deutschen Kundschaft für verhaltenes Echo – selbst wenn er mit 23.240 DM für einen Porsche vergleichsweise günstig war.

Daher haftete dem 924 zeitlebens das Image an, kein echter Porsche zu sein. Trotzdem blieb der Basis-924 bis 1985 im Programm – mit selbst zum Schluss nur 125 PS.

924 Turbo 1978

Dem Wunsch nach mehr Leistung für den 924 kamen die Porsche-Entwickler mit einem gängigen „Trick“ nach: Sie statteten den 2,0-Liter-Motor mit einem Turbolader aus. Das wurde weniger als Technologietransfer vom damals neuen 911 Turbo empfunden, sondern entsprach dem Zeitgeist (bei Wettbewerbern genauso wie in der Formel 1), kleine Triebwerke künstlich zu beatmen.

Der Porsche 924 Turbo wurde Ende 1978 vorgestellt. Äußerlich war er an den vier kleinen Lufteinlässen oberhalb des Frontstoßfängers zu erkennen, die zur Kühlung des Turboladers dienten. Weitere Änderungen im Detail waren ein Heckspoiler, ein zusätzlicher Lufteinlass auf der Motorhaube und die 15-Zoll-Räder (924: 14 Zoll), die eine Folge der verstärkten Bremsen und deren Lüftungsbedarfs waren. Markant – aber kein zwingendes Kennzeichen des 924 Turbo – war zudem die Zweifarblackierung mit den abgesetzten Flanken.

Der Turbolader von KKK verhalf dem 924 zu stattlichen 170 PS, die ein gutes Jahr nach Markteinführung sogar auf 177 PS wuchsen. Auch ein 911 SC war damals mit 188 PS kaum stärker. Entsprechend schnell war der 924 Turbo: Mit 230 km/h ließ er den Basis-924 klar hinter sich. Allerdings war die damals noch junge Turbotechnik bisweilen tückisch – und anfällig. Und mit gut 10.000 DM Aufpreis gegenüber der Saugversion auch teuer. So lief die Produktion des 924 Turbo nach fast 12.500 Einheiten schon im Sommer 1982 wieder aus. Schließlich hatte Porsche mit dem neuen 944 einen zuverlässigen Nachfolger gefunden.

Markant, aber nicht zwingend: Die Zweifarblackierung gab es offiziell nur für den 924 Turbo.

TECHNISCHE DATEN	
Produktion	1978–1983
Stückzahl	12.666
Karosserie	2+2-sitziges Coupé
L x B x H (mm)	4.213 x 1.685 x 1.270
Radstand (mm)	2.400
Leergewicht (kg)	1.180
Motoranordnung	Front
Antrieb	Heck
Bauform Motor	Reihe
Zylinder	4
Hubraum (cm³)	1.984
Bohrung x Hub (mm)	86,5 x 84,4
Leistung (PS)	170 (ab 1981: 177)
Drehmoment (Nm)	245 (ab 1981: 230)
V_{max} (km/h)	225 (ab 1981: 230)
0–100 km/h (s)	7,8 (ab 1981: 7,7)

1979 924 Carrera GT

Krönung mit Motorsportbezug: Der 924 Carrera GT war eine Vorwegnahme des Designs des 944.

TECHNISCHE DATEN	
Produktion	1979–1980
Stückzahl	406
Karosserie	2-sitziges Coupé
L x B x H (mm)	4.320 x 1.735 x 1.275
Radstand (mm)	2.400
Leergewicht (kg)	1.180
Motoranordnung	Front
Antrieb	Heck
Bauform Motor	Reihe
Zylinder	4
Hubraum (cm³)	1.984
Bohrung x Hub (mm)	86,5 x 84,4
Leistung (PS)	210
Drehmoment (Nm)	280
V_{max} (km/h)	240
0–100 km/h (s)	6,9

Die „Echtheit" eines Porsche ließ sich schon immer nirgendwo besser beweisen als im Motorsport. Um dem mäßigen Image der 924-Baureihe neue Impulse zu geben, präsentierten die Schwaben auf der IAA 1979 den Prototypen des 924 Carrera GT. Er sollte die Ausgangsbasis für neue Motorsportaktivitäten bilden.

Schon optisch unterschied sich der Carrera GT deutlich vom 924 und vom 924 Turbo, auf dem er technisch basierte. Besonders augenfällig waren die große Lufthutze auf der Motorhaube sowie die voluminösen Kotflügelverbreiterungen. Weitere Modifikationen im Detail waren die größere und jetzt auch seitlich stärker umlaufende Heckspoilerlippe, die geänderten Front- und Heckschürzen und neue 15-Zoll-Räder. Insgesamt nahm er damit das neue Design des kommenden 944 vorweg.

Der nach wie vor vom Audi 100 abgeleitete Vierzylindermotor leistete jetzt allerdings dank Turbotechnik und höherer Verdichtung 210 PS, 95 PS mehr als das Basismodell. Damit, und mit dem fast 50.000 DM hohen Preis, empfahl sich der 924 Carrera GT für Sammlergaragen und für Motorsportzwecke. Dazu legte Porsche aber eigens eine weiterentwickelte Rennversion auf, den 924 Carrera GTS. Er war auf das Gruppe-4-Reglement ausgelegt, leichter, stärker (245 PS), teurer (über 100.000 DM) und musste zur Homologation 50-mal gebaut werden. Formal konnte er für den Straßenverkehr zugelassen werden, was aber nur mit wenigen Fahrzeugen passierte. Optisch unterschied sich der Carrera GTS vom Carrera GT unter anderem durch die fehlenden Klappscheinwerfer.

Nachdem der 924 fast zehn Jahre die Rolle des Einstiegsmodells innehatte und in dieser Zeit nicht bei der Leistung zugelegt hatte, war es Mitte der 1980er-Jahre überfällig, ihn weiterzuentwickeln. Dabei gingen die Techniker sehr analytisch vor und spürten zielsicher das Manko auf, unter dem der 924 am meisten zu leiden hatte: die technische Verwandtschaft zu Audi und das daraus resultierende Image eines neuen VW-Porsche.

Folgerichtig musterten die Schwaben das bisherige 2,0-Liter-Triebwerk aus und ersetzten es gegen das selbst entwickelte Aggregat des 944. Dieses hatte zwar ebenfalls nur vier Zylinder, war allerdings eigenständig konstruiert worden. Der 2,5-Liter-Motor leistete im 924 S glatte 150 PS, womit der Abstand zum technisch gesehen identisch motorisierten, 163 PS starken 944 deutlich schmolz. Nur preislich trennten beide noch empfindliche 10.000 DM, also rund ein Viertel des Kaufpreises, weil der Grundpreis des 924 S in die Höhe schnellte. Mit der Einführung des „S“ ging auch die Umstellung auf das serienmäßige Fünfganggetriebe einher.

Der generelle Wechsel auf bleifreies Benzin sowie die Tatsache, dass der 924 S weniger begehrt war als der teurere 944, veranlasste Porsche sogar zu einem verblüffenden Entwicklungsschritt: 1987 wurde das Triebwerk auf „bleifrei“ umgestellt und mit der identischen Leistung von 160 PS in beide Baureihen eingebaut. Doch selbst dieser Schritt konnte das Ende des 924 nicht aufhalten: 1988 lief die Fertigung des inzwischen 50.165 DM teuren 924 S aus.

Spätes Update: Das Leistungsplus des 924 S konnte den Niedergang der Baureihe nicht aufhalten.

TECHNISCHE DATEN	
Produktion	1985–1988
Stückzahl	16.274
Karosserie	2+2-sitziges Coupé
L x B x H (mm)	4.212 x 1.685 x 1.275
Radstand (mm)	2.400
Leergewicht (kg)	1.190 (ab 1987: 1.210)
Motoranordnung	Front
Antrieb	Heck
Bauform Motor	Reihe
Zylinder	4
Hubraum (cm^3)	2.479
Bohrung x Hub (mm)	100,0 x 78,9
Leistung (PS)	150 (ab 1987: 160)
Drehmoment (Nm)	190 (ab 1987: 210)
V_{max} (km/h)	215 (ab 1987: 220)
0–100 km/h (s)	8,5 (ab 1987: 8,2)

1977 928

Wie von einem anderen Stern: Das Design des 928 polarisierte – anders war es auf jeden Fall.

TECHNISCHE DATEN	
Produktion	1977–1982
Stückzahl	17.669
Karosserie	2+2-sitziges Coupé
L x B x H (mm)	4.447 x 1.836 x 1.313
Radstand (mm)	2.500
Leergewicht (kg)	1.450
Motoranordnung	Front
Antrieb	Heck
Bauform Motor	V-Form
Zylinder	8
Hubraum (cm³)	4.474
Bohrung x Hub (mm)	95,0 x 78,9
Leistung (PS)	240
Drehmoment (Nm)	350 (ab 1980: 380)
V_{max} (km/h)	230
0–100 km/h (s)	6,8

Weil man in den 1970er-Jahren noch nicht an ein unendlich langes Leben des 911 glaubte, erhielten die Ingenieure den Entwicklungsauftrag, einen potenziellen Nachfolger zu schaffen. Das Ergebnis debütierte auf der IAA 1977: der Porsche 928. Sein Design war so aufregend anders, dass es von Beginn an polarisierte – was aber nicht verhindern konnte, dass der 928 der erste und bis heute einzige Sportwagen ist, der die Auszeichnung „Auto des Jahres“ verliehen bekam. Überraschend schlecht – und von Laien kaum vermutet – war allerdings die Aerodynamik des so schnittig wirkenden Fahrzeugs, unter anderem aufgrund einer fehlenden Heckabrisskante.

Die Plattform des 928 war völlig neu und baute auf das klassische Gran-Turismo-Konzept: langer Radstand, hubraumstarkes Triebwerk im Bug und Platz für vier Personen. So besaß der 928 ein ebenfalls neu entwickeltes V8-Triebwerk aus Leichtmetall mit 4,5 Liter Hubraum, der 240 PS leistete – und damit gut 20 Prozent mehr als ein zeitgenössischer 911. Das machte den vergleichsweise großen Sportler immerhin 230 km/h schnell, obwohl er auch jede Menge Komfortextras an Bord hatte: Als erster Porsche verfügte der 928 serienmäßig über eine Servolenkung. Optional war auch eine Dreigang-Automatik erhältlich. Bei seiner Markteinführung kostete der 928 rund 55.000 DM. Nach zwei Jahren bekam er mit dem 928 S einen stärkeren Bruder zur Seite gestellt, der so erfolgreich war, dass 1982 der 928 aus dem Programm genommen wurde: Leistung spielte für diese Baureihe immer eine wichtige Rolle.

928 S 1979

Für Kunden, die noch mehr Leistung suchten, stellte Porsche zum Modelljahr 1980 den 928 S vor. Gegenüber dem Basis-928 war sein Hubraum von 4,5 auf 4,7 Liter angehoben wurden. Zusammen mit einer Steigerung der Verdichtung auf 10:1 kletterte die Leistung auf glatte 300 PS. Fahrzeuge, die ab 1985 mit Katalysator bestellt wurden, erreichten indes nur 288 PS, obwohl ihr Hubraum auf 5,0 Liter erweitert worden war.

Optisch war der 928 S an neuen Leichtmetallrädern zu erkennen. Ihr Grunddesign war fortan charakteristisch für die Baureihe. Ein wichtiges Unterscheidungsmerkmal zum Basis-928 waren überdies die Front- und Heckspoilerlippe, die grundsätzlich in Schwarz gehalten waren: Sie waren der verzweifelte Versuch, die Aerodynamik des 928 zu verbessern, was – wenn auch nur eingeschränkt – tatsächlich gelang. Um den Ansprüchen der Kundschaft besser gerecht zu werden, waren im 928 S außerdem auch serienmäßig eine Klimaanlage sowie ein Heckscheibenwischer an Bord.

Der 928 S war ein perfekter „GT", ein großer Touren-Sportwagen. Dazu trug seine hohe Leistung bei, aber auch das großzügige Raumangebot, speziell der große Kofferraum. Den hohen Nutzwert unterstrich die Baureihe sogar mit einer optional lieferbaren Anhängekupplung (für Pferde- oder Bootstransporte). Auch wenn die Produktion letztlich weit hinter den Erwartungen zurückblieb, waren die Verwendung von Alu-Bauteilen an der Karosserie (Türen und Hauben) und die Spur-regulierende Hinterachse wegweisend für Porsche.

Stärker und wirkungsvoller: Mehr Leistung und ein Heckspoiler waren die Kennzeichen des 928 S.

TECHNISCHE DATEN	
Produktion	1979–1986
Stückzahl	22.662
Karosserie	2+2-sitziges Coupé
L x B x H (mm)	4.447 x 1.836 x 1.282
Radstand (mm)	2.500
Leergewicht (kg)	1.450 (ab 1985: 1.530)
Motoranordnung	Front
Antrieb	Heck
Bauform Motor	V-Form
Zylinder	8
Hubraum (cm³)	4.664 (ab 1985: 4.957)
B. x H. (mm)	97 x 78,9 (ab '85: 100 x 78,9)
Leistung (PS)	300 (ab 1985: 288)
Drehmoment (Nm)	385 (ab 1985: 400)
V_{max} (km/h)	250 (ab 1985: 252)
0–100 km/h (s)	6,6 (ab 1985: 7,2)

1986 928 S4

Deutlicher Fortschritt: Auch wenn die Silhouette blieb, hatte der 928 S4 eine bessere Aerodynamik.

TECHNISCHE DATEN	
Produktion	1986–1991
Stückzahl	17.894 (inkl. 928 GT)
Karosserie	2+2-sitziges Coupé
L x B x H (mm)	4.520 x 1.836 x 1.282
Radstand (mm)	2.500
Leergewicht (kg)	1.580 (ab 1988: 1.600)
Motoranordnung	Front
Antrieb	Heck
Bauform Motor	V-Form
Zylinder	8
Hubraum (cm³)	4.957
Bohrung x Hub (mm)	100,0 x 78,9
Leistung (PS)	320
Drehmoment (Nm)	430
V_{max} (km/h)	270 (ab 1988: 265)
0–100 km/h (s)	5,9 (ab 1988: 6,3)

Nach neun Jahren Bauzeit erfuhr der 928 eine gründliche Überarbeitung: Aus dem 928 S wurde der 928 S4. Ein neues Basismodell wurde ihm aber nicht mehr zur Seite gestellt. Der 928 S4 erhielt jenes Triebwerk, das schon in den Katalysatorversionen des 928 S ab 1985 zum Einsatz gekommen war: das 5,0 Liter große V8-Triebwerk mit Vierventilkopf. Durch einige zusätzliche Modifikationen leistete es nun 320 PS, sowohl mit als auch ohne Katalysator.

Auch wenn die Silhouette und das Konzept der Baureihe unverändert blieben, so waren die Eingriffe und Überarbeitungen an der Karosserie unübersehbar: Sie verbesserten die Aerodynamik signifikant, die jetzt einen c_W-Wert von 0,34 aufwies. Dazu trug nicht nur eine allgemeine „Glättung“ der Außenhaut und des Unterbodens bei, sondern auch der Einsatz neu gestalteter und vor allem größerer Spoiler und Seitenschweller. Neue Assistenzsysteme wie eine Reifendruckkontrolle oder ein Diagnosesystem unterstrichen überdies den technologischen Anspruch des 928 S4.

Zwar führte die bessere Aerodynamik zu einer deutlich höheren Endgeschwindigkeit im Vergleich zum 928 S, doch mit rund 1.530 Kilogramm Leergewicht fehlte es ihm an Bissigkeit. Deswegen bot Porsche den 928 S4 ab 1988 auch in einer schlanken Clubsport-Version an, die um 150 Kilogramm leichter und damit auch agiler war. Sie absolvierte den Spurt auf Tempo 100 in nur 5,7 Sekunden. Im Gegenzug war der 928 S4 ab dem Folgejahr nur noch mit 4-Gang-Automatik erhältlich.

Gesplittetes Programm: Der 928 GT war die betont sportliche Ausführung des großen Coupés.

Auf dem Genfer Autosalon stellte Porsche 1989 eine Weiterentwicklung des Clubsport-Konzepts des 928 S4 vor: den 928 GT. Damit bestand die Baureihe aus einer klaren Doppelspitze, bei der der 928 S4 die Rolle des komfortorientierten Luxus-Tourers einnahm, der 928 GT den Part des fahraktiveren Reise-Sportwagens. Entsprechend war für den 928 GT auch kein Automatikgetriebe erhältlich.

Im Detail bekam der 928 GT ein Triebwerk spendiert, das mit 330 PS 10 PS stärker als das 928-S4-Aggregat war. Im Unterschied zur bisherigen Clubsport-Variante war der 928 GT nicht ganz so sehr erleichtert worden, was aber durchaus auch positive Seiten hatte: Weil die Unterbodenverkleidung erhalten blieb, erreichte der 928 GT eine höhere Endgeschwindigkeit als der 928 S4 Clubsport. Umgekehrt schaffte er dafür nicht ganz die Beschleunigungswerte des Clubsport-Modells. Anders als bei Letzterem unterband Porsche überdies nicht die Bestrebungen der Kundschaft, durch komfortorientierte Extras das Fahrzeuggewicht weiter anzuheben: So mancher 928 GT dürfte faktisch mit dem gleichen Leergewicht wie der 928 S4 ausgeliefert worden sein. Die Kunden konnten dabei sogar zwischen einer straffen und einer komfortablen Fahrwerksabstimmung wählen.

Äußerlich war der 928 GT an einem eigenständigen Schriftzug zu erkennen, an einer Doppelrohrabgasanlage und an den geschmiedeten Leichtmetallrädern im Clubsport-Design. Nach nur zwei Produktionsjahren war die Zeit des 143.000 DM teuren 928 GT (gleicher Preis wie der 928 S4) schon wieder beendet.

TECHNISCHE DATEN	
Produktion	1989–1991
Stückzahl	17.894 (inkl. 928 S4)
Karosserie	2+2-sitziges Coupé
L x B x H (mm)	4.520 x 1.836 x 1.282
Radstand (mm)	2.500
Leergewicht (kg)	1.580
Motoranordnung	Front
Antrieb	Heck
Bauform Motor	V-Form
Zylinder	8
Hubraum (cm^3)	4.957
Bohrung x Hub (mm)	100,0 x 78,9
Leistung (PS)	330
Drehmoment (Nm)	430
V_{max} (km/h)	275
0–100 km/h (s)	5,8

1991 928 GTS

Final Edition: Der 928 GTS war am lackierten Spoiler und am Leuchtenband zu erkennen.

TECHNISCHE DATEN	
Produktion	1991–1995
Stückzahl	2.831
Karosserie	2+2-sitziges Coupé
L x B x H (mm)	4.520 x 1.890 x 1.282
Radstand (mm)	2.500
Leergewicht (kg)	1.620
Motoranordnung	Front
Antrieb	Heck
Bauform Motor	V-Form
Zylinder	8
Hubraum (cm³)	5.397
Bohrung x Hub (mm)	100,0 x 85,9
Leistung (PS)	350
Drehmoment (Nm)	5.000
V_{max} (km/h)	275
0–100 km/h (s)	5,7

Das Konzept der Aufsplittung der Baureihe in 928 S4 und 928 GT bewährte sich nicht – zu ähnlich waren sich beide Modelle, die sich letztlich nur in der Getriebeart und um 10 PS unterschieden. Nach nur zwei Jahren reagierte man in Zuffenhausen darauf und stellte auf der IAA 1991 den 928 GTS vor: Er vereinte beide Charaktere in sich und konnte von den Kunden auf individuelle Bedürfnisse angepasst werden.

Mit der Einführung des 928 GTS wuchs das bekannte V8-Triebwerk weiter, nun auf 5,4 Liter Hubraum. Damit kletterte die Leistung auf satte 350 PS, was dem hohen Anspruch der Baureihe entsprach. Ausschlaggebender für das souveräne Fahrgefühl im 928 GTS war aber vor allem das hohe Drehmoment: In der Spitze betrug es 500 Newtonmeter, doch noch viel beeindruckender war sein Verlauf, denn zwischen 1.000 und 6.000 Umdrehungen lagen immer mindestens 400 Newtonmeter an. Die Kunden konnten dabei wählen, ob sie die Kraft per Hand mittels eines 5-Gang-Getriebes oder per 4-Gang-Automatik weiterleiten wollten.

Auch äußerlich war der 928 GTS eindeutig zu erkennen. Er besaß breitere Kotflügel und einen neu geformten, erstmals in Wagenfarbe lackierten Heckflügel. Am auffälligsten war aber das durchgängige Leuchtenband im Heck, das Anleihen am Look des damaligen 911 nahm. Die Maßnahmen konnten aber nicht verhindern, dass die Ära des großen Frontmotorcoupés zu Ende ging: Nach 18 Jahren wurde im Sommer 1995 die Produktion des 928 GTS eingestellt. Er kostete zu diesem Zeitpunkt 167.890 DM.

Auf der IAA 1981 stellte Porsche den 944 vor. Er war kein Nachfolger für den 924, sondern eine Erweiterung des Modellprogramms. So schloss der Neue die Lücke, die sich preislich und leistungsmäßig zwischen 924 und 911 ergab. Gleichzeitig war es auch das erste Mal in der Geschichte von Porsche, dass vier verschiedene, reguläre Baureihen angeboten wurden (924, 944, 911 und 928). Für kurze Zeit kam sogar mit dem 959 eine fünfte Reihe hinzu.

Wesentliches technisches Merkmal des 944 war sein vollständig in Eigenregie entwickelter Vierzylindermotor. Er war quasi ein halbes 928-Triebwerk und damit zweifelsfrei ein „echter" Porsche-Motor. Aus 2,5 Liter Hubraum schöpfte es 163 PS – und damit deutlich mehr als der 924 (125 PS), aber auch klar weniger als der 911 SC (204 PS). Im Verlauf seiner Produktion sank zunächst die Leistung leicht auf glatte 160 PS durch die Umstellung auf bleifreies Benzin. In den letzten Lebensjahren kletterte sie durch die Anhebung des Hubraums auf 2,7 Liter wieder auf 165 PS, bevor ein Nachfolger den erhofften Leistungsschub brachte.

Äußerlich sah der 944 wie der „zivile" Bruder des 924 Carrera GT aus: Vor allem die Kotflügelverbreiterungen und die von Beginn an serienmäßige Heckspoilerlippe ließen ihn im Vergleich zum 924 viel kraftvoller und markanter aussehen. Auch der aufgewertete Innenraum machte das Porsche-Feeling im 944 viel ausgeprägter, selbst wenn er weiterhin bei Audi in Neckarsulm gefertigt wurde. Erst der 944 S2 beendete 1989 die Laufbahn des Basis-944.

In die richtige Richtung: Der 944 setzte nicht mehr auf Komponenten aus dem VW-Programm.

TECHNISCHE DATEN	
Produktion	1981–1989
Stückzahl	115.945
Karosserie	2+2-sitziges Coupé
L x B x H (mm)	4.200 x 1.735 x 1.275
Radstand (mm)	2.400
Leergewicht (kg)	1.210
Motoranordnung	Front
Antrieb	Heck
Bauform Motor	Reihe
Zylinder	4
Hubraum (cm^3)	2.479 (ab 1988: 2.681)
B x H (mm)	100 x 78,9 (ab '88: 104 x 78,9)
Leistung (PS)	163 (ab '87: 160, ab '88: 165)
Drehm. (Nm)	205 (ab '87: 210, ab '88: 225)
V_{max} (km/h)	220

1985 944 Turbo

Besserer Bug: Die glatte Frontpartie des 944 Turbo wertete das Fahrzeug sichtbar auf.

TECHNISCHE DATEN	
Produktion	1985–1988
Stückzahl	17.627
Karosserie	2+2-sitziges Coupé
L x B x H (mm)	4.230 x 1.735 x 1.275
Radstand (mm)	2.400
Leergewicht (kg)	1.280
Motoranordnung	Front
Antrieb	Heck
Bauform Motor	Reihe
Zylinder	4
Hubraum (cm^3)	2.479
Bohrung x Hub (mm)	100,0 x 78,9
Leistung (PS)	220
Drehmoment (Nm)	330
V_{max} (km/h)	245
0–100 km/h (s)	6,3

Nach dem vollzogenen Modellwechsel beim 911 vom SC zum Carrera klaffte nun eine merkliche Lücke zwischen 231-PS-Carrera und 163-PS-944. Diese zu stopfen sollte Aufgabe des 944 Turbo werden, der auf der IAA 1985 vorgestellt wurde. Ähnlich wie zuvor beim 924 Turbo pflanzten die Ingenieure einen Turbolader auf das Vierzylindertriebwerk. Doch anders als beim 924 Turbo spendierten die Schwaben dem 944 Turbo gleich eine Ladeluftkühlung.

Sie sorgte für bessere Wirtschaftlichkeit, größere Zuverlässigkeit und vor allem für mehr Leistung: 220 PS waren ein gewaltiger Sprung, welcher mit 74.000 DM Grundpreis (944: 52.250 DM) teuer erkauft war. Kein Wunder, dass der 944 Turbo eher ein Schattendasein führte: Wer ihn sich leisten konnte, griff oft aus Prinzip zum nur noch unwesentlich teureren 911 Carrera.

Allerdings erwies sich der 944 Turbo als hartnäckiger „Carrera-Schreck“, der in der Katalysatorversion sogar leicht bessere Fahrleistungen bot. Zu allem Überfluss bescheinigte der frisch ins Leben gerufene 944 Turbo Cup (die erste Markenpokal-Rennserie von Porsche) der Baureihe ein überproportional sportliches Bild, das nur der Imagefaktor „Vierzylinder versus Boxer“ trüben konnte.

Überdies fiel der 944 Turbo optisch gefälliger aus als der 944. Das lag vor allem an seiner neu gestalteten, geglätteten Bugpartie. Auch technisch sorgten das Sportfahrwerk, größer dimensionierte Scheibenbremsen und weitere Modifikationen für eine gelungene Weiterentwicklung, die schließlich im 944 Turbo S gipfelte.

944 S 1986

Erfolgloser Zwitter: Der Versuch scheiterte, zwischen 944 und 944 Turbo den 944 S zu platzieren.

Bei 60 PS Leistungsunterschied zwischen dem 944 und dem 944 Turbo sah Porsche das Potenzial für ein Bindeglied, das die Schwaben 1986 in Gestalt des 944 S präsentierten. Äußerlich war er nicht vom Basis-944 zu unterscheiden, sieht man einmal vom Typenschild am Heck und optional auch an der Seite ab. Selbst die Ausstattung im Innenraum blieb gegenüber dem 944 unverändert.

Trotzdem war der 944 S ein kräftiger Schritt nach vorne – und das nicht nur, weil er mit 190 PS die Leistung der Saugmotorversion auf ein angemessenes Niveau brachte. Vielmehr war es die in den 1980er-Jahren sich rapide durchsetzende Vierventiltechnik, mit der der 944 S aufwarten konnte. Auf dem bekannten Vierzylinderaggregat mit 2,5 Liter Hubraum saß jetzt ein neuer Zylinderkopf, der vom 928 S4 abgeleitet war. Zu ihm gehörte auch eine zweite Nockenwelle. Auch wenn der Katalysator aufpreispflichtig war, bot die Vierventiltechnik immer die Möglichkeit, ohne Leistungsverlust sauber zu werden. Der Fortschritt machte sich überdies beim Drehmoment bemerkbar, das mit 230 Newtonmetern starken Durchzug versprach. Tatsächlich beschleunigte der 944 S in 7,9 Sekunden (944: 8,4 Sekunden) auf Tempo 100 und erreichte eine Endgeschwindigkeit von 228 km/h. Der 944 brachte es auf 220 km/h.

Der 944 S kostete 1987 61.355 DM, fast genau 6.000 DM mehr als der Basis-944. Obwohl sich damit die Relation aus Mehrleistung und Aufpreis im vernünftigen Rahmen bewegte, hielt sich die Nachfrage in Grenzen. Bereits 1988 wurde der 944 S vom 944 S2 abgelöst.

TECHNISCHE DATEN	
Produktion	1986–1988
Stückzahl	7.524
Karosserie	2+2-sitziges Coupé
L x B x H (mm)	4.200 x 1.735 x 1.275
Radstand (mm)	2.400
Leergewicht (kg)	1.280
Motoranordnung	Front
Antrieb	Heck
Bauform Motor	Reihe
Zylinder	4
Hubraum (cm³)	2.479
Bohrung x Hub (mm)	100,0 x 78,9
Leistung (PS)	190
Drehmoment (Nm)	230
V_{max} (km/h)	228
0–100 km/h (s)	7,9

1987

944 Turbo S / 944 Turbo

Vorreiterrolle: Aus dem limitierten 944 Turbo S wurde im Lauf der Zeit der normale 944 Turbo.

TECHNISCHE DATEN	
Produktion	1987–1991
Stückzahl	1.635 („Turbo S"), 3.738 („Turbo")
Karosserie	2+2-sitziges Coupé
L x B x H (mm)	4.230 x 1.735 x 1.275
Radstand (mm)	2.400
Leergewicht (kg)	1.400
Motoranordnung	Front
Antrieb	Heck
Bauform Motor	Reihe
Zylinder	4
Hubraum (cm³)	2.479
Bohrung x Hub (mm)	100,0 x 78,9
Leistung (PS)	250
Drehmoment (Nm)	350
V_{max} (km/h)	260
0–100 km/h (s)	5,9

So kritisch die Einführung des 944 Turbo beobachtet worden war, so schnell wich die Skepsis der Begeisterung für den schnellen Frontmotor-Porsche – zumindest unter jenen, die sich selbst ein Bild von ihm hinter dem Steuer machten. Der wachsenden Euphorie der überschaubaren, aber zahlungskräftigen Kundschaft entgegnete Porsche mit einem besonderen Angebot: dem 944 Turbo S.

Er debütierte auf der IAA 1987 und war zunächst als eine auf 1.000 Exemplare ausgelegte Sonderserie gedacht. Doch die Nachfrage war so überwältigend (es wurden letztlich über 4.000 „S" ausgeliefert), dass sich Porsche schließlich dazu entschloss, ab Herbst 1988 allen 944 Turbo die Leistungskur angedeihen zu lassen – auch ohne das zusätzliche „S". Die Mehrleistung betrug immerhin 30 PS, die den 944 Turbo S (respektive den 944 Turbo ab Modelljahr 1989) 250 PS stark machten. Damit übertraf er den bis 1988 angebotenen 911 Carrera deutlich. Das Leistungsplus war auf diverse Modifikationen am Triebwerk zurückzuführen, die vom Renn-944 abgeleitet waren. Dazu gesellten sich die kraftvolle Bremsanlage vom 928 S4 und ein verstärktes Getriebe, die das Gesamtpaket abrundeten.

Anders als die Rennversion sparte der 944 Turbo S nicht bei der Komfortausstattung. So waren Klimaanlage, Servolenkung und ABS serienmäßig an Bord. Zusammen mit der Mehrleistung und der Limitierung schlug sich das auf den Preis nieder: 99.800 DM verlangte Porsche für den 944 Turbo S – 4.000 DM mehr als dann 1989 der gleich starke „neue" 944 Turbo kostete.

Endlich schön: Erst der 944 S2 erhielt den vom 944 Turbo bekannten, glatten Bug.

Während sich der 944 S optisch durchgängig am Basis-944 orientiert hatte, wählten die Porsche-Verantwortlichen bei der Entwicklung des Nachfolgers einen anderen Weg: Der 944 S2 war äußerlich nahezu eine 1:1-Kopie des „schönen" 944 Turbo. Wie dieser war er auf den ersten Blick durch die glatte, nicht durch den Stoßfänger zerklüftete Frontpartie zu erkennen. Einzig die 16 Zoll großen Leichtmetallräder verrieten durch ihr Design die Saugmotorversion. Doch selbst beim Innenraum und bei Technikkomponenten wie der Bremsanlage und dem Getriebe stand der 944 S2 dem 944 Turbo in nichts nach.

Den „Turbo-Look" begleitete allerdings auch ein „Turbo-Preis": Als der 944 S2 im September 1988 auf den Markt kam, kostete er fast genauso viel wie noch drei Jahre zuvor der 944 Turbo: 74.965 DM. Dazu passte noch ein anderer Eckwert: Der 944 S2 leistete mit 211 PS fast genauso viel wie ursprünglich die Turboversion (220 PS). Dafür sorgte das weiterentwickelte Vierzylinderaggregat, dessen Hubraum auf 3,0 Liter gewachsen war. Es war der größte Vierzylindermotor seiner Zeit – und auch der stärkste.

In der Praxis sorgte aber vielmehr das Drehmoment für Aufsehen: Mit 280 Newtonmetern verlieh es dem 944 S2 reichlich Schub, was sich in der Zeit von 7,1 Sekunden von 0 bis 100 km/h widerspiegelte. Auch bei der Höchstgeschwindigkeit von 240 km/h zeigte erstmals ein kleiner Frontmotor-Porsche mit Saugmotor markentypische Performance. In Summe aller Eigenschaften war daher der 944 S2 ein exzellentes Angebot.

TECHNISCHE DATEN	
Produktion	1988–1991
Stückzahl	9.352
Karosserie	2+2-sitziges Coupé
L x B x H (mm)	4.230 x 1.735 x 1.275
Radstand (mm)	2.400
Leergewicht (kg)	1.310 (ab 1990: 1.340)
Motoranordnung	Front
Antrieb	Heck
Bauform Motor	Reihe
Zylinder	4
Hubraum (cm³)	2.990
Bohrung x Hub (mm)	104,0 x 88,0
Leistung (PS)	211
Drehmoment (Nm)	280
V_{max} (km/h)	240
0–100 km/h (s)	7,1

1989 944 S2 Cabrio

Von Beginn an gefragt: Das 944 S2 Cabrio fand viele Bewunderer.

TECHNISCHE DATEN	
Produktion	1989–1991
Stückzahl	6.980
Karosserie	2+2-sitziges Cabrio
L x B x H (mm)	4.230 x 1.735 x 1.275
Radstand (mm)	2.400
Leergewicht (kg)	1.340 (ab 1990: 1.390)
Motoranordnung	Front
Antrieb	Heck
Bauform Motor	Reihe
Zylinder	4
Hubraum (cm³)	2.990
Bohrung x Hub (mm)	104,0 x 88,0
Leistung (PS)	211
Drehmoment (Nm)	280
V_{max} (km/h)	240
0–100 km/h (s)	7,1

Im Jahr 1987 hatte Porsche auf der IAA erstmals einen offenen 944 gezeigt und war damit auf durchwegs positives Echo gestoßen. Doch es dauerte letztlich bis zum Januar 1989, bis die Produktion des 944 S2 Cabrio anlief. Die ersten Fahrzeuge wurden gar erst im Juni 1989 ausgeliefert. Ein Grund dafür war unter anderem die unkonventionelle Produktion des Cabrios: Weil man mit vergleichsweise kleinen Stückzahlen rechnete, wurde von den fertigen Coupékarosserien kurzerhand das Dach abgeschnitten.

Mit der Ausführung war ASC (American Sunroof Corp.) in Weinsberg bei Heilbronn beauftragt. Hier wurde das Dach entfernt und eine zusätzliche Bodenplatte eingeschweißt. Gleichzeitig schrumpfte der Windschutzscheibenrahmen um 60 Millimeter. Vor allem wurde aber die gläserne Kofferraumklappe gegen einen Kofferraumdeckel aus Stahlblech getauscht, wodurch der 944 S2 Cabrio auch mit geschlossenem Verdeck sehr eigenständig wirkte. Serienmäßig war dieses manuell zu betätigen. Doch schon 1990 wurde die zunächst nur optionale elektrische Version Bestandteil der Serienausstattung.

Vom 944 S2 Coupé übernahm das Cabrio natürlich auch die glatte Bugpartie des „Turbo-Looks" und den 3,0 Liter großen, 211 PS starken Vierzylindermotor. Weil die offene Version etwas schwerer ausfiel, verschlechterten sich die Fahrleistungen geringfügig. Allerdings fiel der Preis des 944 S2 Cabrio überraschend hoch aus: Mit 86.265 DM (1989) war es gut 10.000 DM teurer als der zwei Jahre zuvor angekündigte Preis bei der Vorstellung des Prototyps.

944 Turbo Cabrio

1990

Bei einer Jahreskapazität von 3.000 Einheiten vom 944 S2 Cabrio war Produzent ASC in Weinsberg gut ausgelastet. Doch das Interesse an dem offenen 944 war groß und überraschte wohl selbst die Verantwortlichen. Sie entschieden sich, die gute Nachfrage auszunutzen und auch vom stärkeren 944 Turbo eine offene Variante anzubieten. Vor dem Hintergrund des sich abzeichnenden Auslaufens der 944-Baureihe war aber die Fertigung des 944 Turbo Cabrio von vornherein als limitierte Sonderserie mit 500 Exemplaren vorgesehen.

Das 944 Turbo Cabrio entstand im gleichen Verfahren wie das 944 S2 Cabrio: Das Dach wurde abgeschnitten, der Boden verstärkt und die Glaskanzel im Heck gegen einen stählernen Kofferraumdeckel getauscht. Bis auf Details, etwa das Raddesign, waren beide Cabrioversionen nicht voneinander zu unterscheiden. Um dem gehobenen Anspruch des 944 Turbo Cabrio gerecht zu werden, verfügte dieses nicht nur über das Ausstattungsniveau des 944 Turbo, sondern ab Markteinführung außerdem bereits über die elektrische Verdeckbetätigung.

Antriebstechnisch war das 944 Turbo Cabrio natürlich mit dem Coupé identisch und besaß den 250 PS starken Vierzylindermotor der zweiten 944-Turbo-Generation. Mit einer Höchstgeschwindigkeit von 260 km/h zählte das Modell zu den schnellsten Cabrios seiner Zeit – auch ein 911 Carrera 2 Cabrio war nicht schneller. Trotzdem wurde der von Januar 1990 bis Anfang 1991 gefertigte 944 Turbo Cabrio zur letzten Modellvariante der 944-Baureihe, die 1991 eingestellt wurde.

Unkonventionelle Bauweise: Porsche fertigte keine speziellen Rohkarossen für das Cabrio.

TECHNISCHE DATEN	
Produktion	1990–1991
Stückzahl	528
Karosserie	2+2-sitziges Cabrio
L x B x H (mm)	4.230 x 1.735 x 1.275
Radstand (mm)	2.400
Leergewicht (kg)	1.400
Motoranordnung	Front
Antrieb	Heck
Bauform Motor	Reihe
Zylinder	4
Hubraum (cm^3)	2.479
Bohrung x Hub (mm)	100,0 x 78,9
Leistung (PS)	250
Drehmoment (Nm)	350
V_{max} (km/h)	260
0–100 km/h (s)	5,9

1987 959

Superstar: Der 959 löste in den 1980er-Jahren einen Hype aus und war ein enormer Imagegewinn.

TECHNISCHE DATEN	
Produktion	1987–1988
Stückzahl	292
Karosserie	2+2-sitziges Coupé
L x B x H (mm)	4.260 x 1.840 x 1.280
Radstand (mm)	2.300
Leergewicht (kg)	1.450
Motoranordnung	Heck
Antrieb	Heck
Bauform Motor	Boxer
Zylinder	6
Hubraum (cm³)	2.849
Bohrung x Hub (mm)	95,0 x 67,0
Leistung (PS)	450
Drehmoment (Nm)	500
V_{max} (km/h)	315
0–100 km/h (s)	3,9

Auf der IAA 1983 überraschte Porsche mit einem Concept-Car, das sofort großen Anklang fand. Es trug den Namen „Gruppe B" – ein Begriff, der gleichzeitig auch Hintergrund für das Projekt war: Die Gruppe B war eine Rennsportkategorie, in der extrem stark weiterentwickelte Basismodelle startberechtigt waren – vorausgesetzt, es existierten davon mindestens 200 Straßenfahrzeuge. Bald schon erhielt das Porsche-Projekt allerdings einen richtigen Namen: 959.

Er war eine Art Über-911, in den alles eingebaut wurde, was in der damaligen Zeit gut und teuer war. Teile der Karosserie waren aus Kevlar und anderen Kunststoffen, permanenter Allradantrieb mit Lamellenkupplung war an Bord, Niveauregulierung, Magnesiumräder, Doppel-Turbolader mit Registeraufladung und – obwohl der Boxermotor selbst luftgekühlt war – wassergekühlte Zylinderköpfe. Das Triebwerk hatte 2,85 Liter Hubraum und leistete 450 PS. Damit erreichte der 959 315 km/h, womit er bei seinem Debüt das schnellste Serienfahrzeug der Welt war.

Schon das erste Auftauchen löste einen Boom aus, mit dem locker die 200 erforderlichen Exemplare hätten realisiert werden können. Doch nicht zuletzt auch die komplexe Technik verzögerte die Serienfertigung. Erst 1987 wurden die ersten Kundenfahrzeuge zum Preis von 420.000 DM ausgeliefert. Spekulanten zahlten allerdings bis zu einer Million DM. Nach 292 Exemplaren und einem enormen Imagegewinn für Porsche wurde 1988 die Fertigung wieder eingestellt. 1992 legte das Unternehmen allerdings noch eine Sonderserie von acht Fahrzeugen auf.

911 Carrera 4 (964) 1988

In den 1980er-Jahren wurde der Allradantrieb äußerst populär. Jeder Hersteller versuchte, mit entsprechenden Angeboten von diesem Boom zu profitieren – auch Porsche. Nach dem limitierten 959 stellten die Schwaben im Sommer 1988 den ersten Serien-911 mit Allradantrieb vor. Er erhielt die „4“ als Namenszusatz, eine bis heute gebräuchliche Nomenklatur der Zuffenhausener. Hauptintention hinter dieser Entwicklung war das Bemühen, durch den Allradantrieb das Fahrverhalten des damals noch recht giftigen 911 für ein breiteres, nicht ganz so sportliches Publikum zu domestizieren.

Pünktlich zum 25. Geburtstag des 911 erschien der 911 Carrera 4 mit einer völlig neuen Karosserie und einem neuen, 3,6 Liter großen Boxermotor (siehe Folgeseite), die über ein Jahr lang nur der Allradversion vorbehalten waren. Die 4x4-Technik war eine direkte Weiterentwicklung des Systems aus dem 959. Im Grundzustand leitete das im Hinterachsdifferenzial integrierte Verteilergetriebe die Kraft zu 61 Prozent auf die Hinter- und zu 39 Prozent auf die Vorderachse. Im Bedarfsfall konnte sie aber auch zu 100 Prozent auf eine Achse dirigiert werden.

Erst als später der 911 Carrera 2 vorgestellt wurde und ein direkter Vergleich möglich war, wurde deutlich, dass die aufwendige Technik des Allradantriebs 100 Kilogramm wog. Und auch wenn es zunächst Vorbehalte von „Profis“ gegen die Technik gab, waren die Traktionsvorteile nicht von der Hand zu weisen.
Ab Herbst 1989 war der 911 Carrera 4 zusätzlich auch als Targa und Cabriolet erhältlich.

Kraft für alle Räder: Erstmals gab es den 911 auch mit Allradantrieb, zunächst sogar ausschließlich.

TECHNISCHE DATEN	
Produktion	1988–1993
Stückzahl	19.484
Karosserie	2+2-sitz. Coupé/Targa/Cabrio
L x B x H (mm)	4.250 x 1.652 x 1.310
Radstand (mm)	2.272
Leergewicht (kg)	1.450
Motoranordnung	Heck
Antrieb	Heck
Bauform Motor	Boxer
Zylinder	6
Hubraum (cm³)	3.600
Bohrung x Hub (mm)	100,0 x 76,4
Leistung (PS)	250
Drehmoment (Nm)	310
V_{max} (km/h)	260
0–100 km/h (s)	5,7

1989 911 Carrera 2 (964)

Noch nach altem Prinzip: Der Targa auf Basis des 964 war der letzte mit herausnehmbarem Dachteil.

TECHNISCHE DATEN	
Produktion	1989–1993
Stückzahl	32.766
Karosserie	2+2-sitz. Coupé/Targa/Cabrio
L x B x H (mm)	4.250 x 1.652 x 1.310
Radstand (mm)	2.272
Leergewicht (kg)	1.350
Motoranordnung	Heck
Antrieb	Heck
Bauform Motor	Boxer
Zylinder	6
Hubraum (cm³)	3.600
Bohrung x Hub (mm)	100,0 x 76,4
Leistung (PS)	250
Drehmoment (Nm)	310
V_{max} (km/h)	260
0–100 km/h (s)	5,7

Fast ein ganzes Jahr lang wurde der alte 911 Carrera (G-Modell) neben dem neuen 911 Carrera 4 (964) angeboten – seiner Nachfrage tat das keinen gravierenden Abbruch. Im Gegenteil, denn eingefleischte Fans des 911 mussten sich erst noch an den Anblick der neuen Generation gewöhnen. Auch wenn beim Typ 964 die bekannte Grundform klar zu erkennen war, hatte sie doch einen signifikanten aerodynamischen Feinschliff erhalten: Sie war glatter und runder, was sie zeitgemäßer machte und den 911 größer wirken ließ (tatsächlich hatte er aber nicht zugelegt). Für große Aufmerksamkeit sorgte der erstmals verwendete ausfahrbare Heckspoiler. Er verlieh – eingefahren – dem 911 im Stand eine schönere Silhouette und sorgte – ausgefahren – bei höherer Geschwindigkeit für mehr Anpressdruck. Eine wesentliche technische Weiterentwicklung war der luftgekühlte Boxermotor. Er hatte 3,6 Liter Hubraum, verfügte über Doppelzündung und war stets mit Katalysator ausgestattet. Mit 250 PS fiel sein Leistungsplus zwar nicht so gravierend aus, doch zusammen mit der windschlüpfrigeren Karosserie sorgte das für eine deutlich höhere Endgeschwindigkeit. Völlig neu waren zudem auch die Bodengruppe und das Fahrwerk, das unter anderem erstmals serienmäßig über Schraubenfedern und Servolenkung verfügte.

Außerdem konnte der 911 zum ersten Mal mit der Tiptronic (ein Automatikgetriebe zum Mitschalten) bestellt werden – eine Option, die bislang dem Carrera 2 vorbehalten war, der ab Produktionsbeginn als Coupé, Targa und Cabrio erhältlich war.

911 Turbo (964) 1990

Mit der Vorstellung des neuen 911 Carrera 2 (964) endete auch die Produktion des 911 Turbo (G-Modell). Ein Jahr dauerte die turbolose Zeit, bevor im Sommer 1990 die Öffentlichkeit das neue Porsche Topmodell auf Basis des 964 bestaunen konnte. Natürlich machte sich auch hier die geglättete Karosserie bemerkbar, die den neuen 911 Turbo nicht mehr ganz so furchteinflößend machte. Es blieb allerdings der Breitbau im Vergleich zu den Carrera-Modellen sowie der feststehende Heckspoiler, der weiter das wichtigste optische Unterscheidungskriterium war. „Experten" bemerkten zudem bei beiden ovale Abgasendrohre links und rechts.

Als Antriebsquelle diente auch weiterhin der 3,3-Liter-Boxermotor des Vorgängers. Viel Feinarbeit im Detail, ein um 50 Prozent größerer Ladeluftkühler und ein größerer Turbolader machten die Abgase sauberer, sodass der Wagen wieder in den USA zulassungsfähig war. Und sie machten das Triebwerk stärker. Doch mit seinen 320 PS blieb der 911 Turbo letztlich hinter den Erwartungen der leistungsorientierten Kundschaft zurück, selbst wenn bei seiner Markteinführung unglaublich viele Blindbestellungen vorlagen: Mit der Bissigkeit seines Vorgängers war der neue 911 Turbo nicht mehr zu vergleichen.

Dafür bekam der 190.250 DM teure Sportwagen eine deutlich umfassendere Serienausstattung spendiert: Leder, Klimaanlage und Bordcomputer sorgten für Komfort, während das vom Carrera-Cup abgeleitete Sportfahrwerk für die nötige Härte sorgte – was ihn in Summe zu einem sehr kultivierten Hochleistungsrenner machte.

Randerscheinung: An den Erfolg seines Vorgängers konnte der neue 911 Turbo nicht anknüpfen.

TECHNISCHE DATEN	
Produktion	1990–1992
Stückzahl	3.660
Karosserie	2+2-sitziges Coupé
L x B x H (mm)	4.250 x 1.775 x 1.310
Radstand (mm)	2.272
Leergewicht (kg)	1.470
Motoranordnung	Heck
Antrieb	Heck
Bauform Motor	Boxer
Zylinder	6
Hubraum (cm^3)	3.299
Bohrung x Hub (mm)	97,0 x 74,4
Leistung (PS)	320
Drehmoment (Nm)	250
V_{max} (km/h)	270
0–100 km/h (s)	5,0

1991

911 Turbo S (964)

Scharfes Ess: Der 911 Turbo S hatte jenen Biss, den sich Turbo-Freunde wünschten, war aber extrem teuer.

TECHNISCHE DATEN	
Produktion	1991–1992
Stückzahl	3.660
Karosserie	2-sitziges Coupé
L x B x H (mm)	4.275 x 1.775 x 1.270
Radstand (mm)	2.272
Leergewicht (kg)	1.290
Motoranordnung	Heck
Antrieb	Heck
Bauform Motor	Boxer
Zylinder	6
Hubraum (cm³)	3.299
Bohrung x Hub (mm)	97,0 x 74,4
Leistung (PS)	381
Drehmoment (Nm)	490
V_{max} (km/h)	290
0–100 km/h (s)	4,6

Bereits kurze Zeit nach der Vorstellung des neuen 911 Turbo stellte Porsche den 911 Turbo S vor – nahezu zeitgleich mit dem Leistungs-Kit für den 320 PS starken 911 Turbo. Letztere verhalf ihm zu 355 PS, kostete aber über 20.000 DM.

Nochmals stärker und vor allem nochmals deutlich teurer fiel dagegen der 911 Turbo S aus: Einer Kraft von 385 PS (immerhin 20 Prozent mehr im Vergleich zum „Basis-Turbo“) stand ein Kaufpreis von 295.000 DM gegenüber. Diese Summe dürfte mit ihren Teil dazu beigetragen haben, dass trotz der großen Nachfrage nach dem 911 Turbo der „S“ nur in bescheidenen Stückzahlen gefertigt wurde: Gerade einmal 86 Modelle verließen Weissach, wo der 911 Turbo S im Entwicklungszentrum als Sonderserie gefertigt wurde.

Die Mehrleistung basierte in erster Linie auf einer Anhebung des Ladedrucks um 0,1 bar, einer schärferen Nockenwelle, modifizierten Ansaugwegen und einer geänderten Steuerelektronik. Im Gegenzug sank das Fahrzeuggewicht auf 1.290 Kilogramm. Dazu wurden die Rücksitze weggelassen, Teile des Unterbodenschutzes und des Dämmmaterials entfernt sowie Carbon-Teile und Dünnglas verwendet.

An anderer Stelle protzte der 911 Turbo S dagegen vor Luxus, beispielsweise bei seinen mit dünnem Leder bezogenen Schaltern im Innenraum. Neben einer weiteren Tieferlegung um 20 Millimeter fiel der 911 Turbo S auch durch seine Bremssättel auf: Sie waren erstmalig rot und begründeten die Philosophie bei Porsche, leistungsstärkere Modelle damit zu kennzeichnen.

911 Carrera RS (964)

1991

Gelungene Sparmaßnahme: Die systematische Gewichtsreduzierung begeisterte die Fans.

Im Sommer 1991 stellte Porsche das rückblickend betrachtet vielleicht interessanteste Modell seiner 964-Baureihe vor: den 911 Carrera RS. Er griff zum ersten Mal seit seinem Namensvetter von 1972 das Kürzel RS wieder auf. Ausgangsbasis für das neue Modell war der 911 Carrera 2, dessen Motortechnik allerdings leicht verändert wurde. Durch aufwendige Feinarbeit entlockten die Techniker dem 3,6-Liter-Boxermotor jetzt 10 PS mehr, also 260 PS. Das Drehmoment stieg um 15 auf 325 Newtonmeter.

Wichtiger als die Änderungen am Antrieb war indes die konsequent sportliche Ausrichtung des Fahrzeugs. Es war im Vergleich zum 911 Carrera 2 um 40 Millimeter tiefer gelegt und verfügte über ein straffes Sportfahrtwerk. Dazu bekam die Saugmotorvariante an der Vorderachse die leistungsstarke Bremsanlage des 911 Turbo spendiert. An der Hinterachse sorgten außerdem die Bremsen der Carrera-Cup-Fahrzeuge für atemberaubende Verzögerungswerte.

Vor allem griff Porsche beim 911 Carrera RS das Thema Gewichtsreduzierung auf: Es fehlten die Rückbank, Dämmmaterial, Fensterheber und vor allem auch die Servolenkung. Dafür kamen Dünnglas und eine Fronthaube aus Aluminium zum Einsatz. Ingesamt schafften es die Techniker, den 911 Carrera RS stattliche 160 Kilogramm leichter als den Basis-Carrera zu machen. Weil Porsche das Sportmodell nur ein Jahr lang anbot, war die Produktion rasch ausverkauft. Späte Exemplare konnten mit Touring-Paket und in einer schärferen 275-PS-Ausführung bestellt werden.

TECHNISCHE DATEN	
Produktion	1991–1992
Stückzahl	2.282
Karosserie	2-sitziges Coupé
L x B x H (mm)	4.275 x 1.652 x 1.270
Radstand (mm)	2.272
Leergewicht (kg)	1.220
Motoranordnung	Heck
Antrieb	Heck
Bauform Motor	Boxer
Zylinder	6
Hubraum (cm^3)	3.600
Bohrung x Hub (mm)	100,0 x 76,4
Leistung (PS)	260
Drehmoment (Nm)	325
V_{max} (km/h)	260
0–100 km/h (s)	5,3

1992 911 Carrera Speedster (964)

Andere Interpretation des Themas Speedster: Er bildete eine preiswerte Alternative zum Cabrio.

TECHNISCHE DATEN	
Produktion	1992–1993
Stückzahl	945
Karosserie	2-sitziges Cabrio
L x B x H (mm)	4.250 x 1.652 x 1.280
Radstand (mm)	2.272
Leergewicht (kg)	1.350
Motoranordnung	Heck
Antrieb	Heck
Bauform Motor	Boxer
Zylinder	6
Hubraum (cm³)	3.600
Bohrung x Hub (mm)	100,0 x 76,4
Leistung (PS)	250
Drehmoment (Nm)	310
V_{max} (km/h)	260
0–100 km/h (s)	5,7

Die wirtschaftliche Lage von Porsche war Anfang der 1990er-Jahre nicht besonders rosig. Selbst die Nachfrage nach dem 911 war vergleichsweise verhalten. Als hilfreiches Mittel dagegen erwiesen sich Sonderserien und eine weitere Derivatisierung. So griff das Unternehmen 1992 die Idee des erfolgreichen Speedster von 1987 auf und präsentierte auf Basis des Typs 964 eine neue Speedster-Generation. Doch anders als die erste Serie wurde der 911 Carrera Speedster von 1992 nur in der Schmalversion angeboten. Diese basierte auf den Karosseriemaßen des 911 Carrera 2 Cabrio. Nur auf ausdrücklichen Kundenwunsch und zu hohen Preisen entstanden bei Porsche exklusiv 14 Breitversionen im Turbo-Look.

Eine weitere wichtige Änderung gegenüber dem Vorgänger war die feststehende Windschutzscheibe. Sie war nicht mehr demontierbar, was Sicherheitsauflagen, Produktionsaufwand und Alltagseinsatz gleichermaßen geschuldet war. Trotzdem fiel die Frontscheibe natürlich niedriger als beim Cabriolet aus, wodurch offen wie geschlossen die besondere Speedster-Anmutung entstand. Weiterhin war das Verdeck manuell zu bedienen und konnte im geöffneten Zustand mit einer markanten Abdeckung mit Höckern für die hinteren Sitzplätze versehen werden.

Der Speedster besaß die Schalensitze des 911 Carrera RS sowie eine lackierte Armaturentafel. Ansonsten fiel der Innenraum spartanisch aus. Zusätzlich wurde auch auf die Airbags verzichtet. In Summe machte das den Speedster 8.547 DM günstiger als das 911 Carrera 2 Cabrio, das eher komfortorientiert war.

911 Turbo 3.6 (964)

Zum Abschied was Neues: Kurz vor Auslaufen des 993 kam die neue Generation des Turbomotors.

Nach 15 Jahren Bauzeit endete 1993 die Ära des 3,3 Liter großen Boxermotors, der im 911 Turbo seinen Dienst tat. Er war bereits im „G-Modell" zum Einsatz gekommen und überdauerte fast auch die gesamte Bauzeit des Typs 964. Doch rund sechs Monate, bevor dessen Nachfolger vorgestellt wurde, debütierte das neue Turbotriebwerk. Es basierte in seinen Grundzügen auf dem bekannten Boxermotor des 911 Carrera 2 und besaß wie dieser 3,6 Liter Hubraum.

Das Aggregat wurde mit den „Extras" des bisherigen Turbomotors veredelt und erhielt die gleichen Turbolader und Ladeluftkühler. Zusammen mit der geänderten Verdichtung, der Doppelzündung und den angepassten Steuerzeiten erreichte das Triebwerk 360 PS. Doch nicht nur die gesteigerte Leistung stand im Mittelpunkt der Weiterentwicklung, vor allem dem Drehmoment wurde großes Augenmerk geschenkt. Mit 520 Newtonmetern lag der Maximalwert sogar über dem des 928 GTS mit V8-Motor. Auch wenn der neue 911 Turbo nicht ganz an die Fabelwerte des 911 Turbo S (mit 3,3-Liter-Motor) heranreichte, so stellte er doch den bisherigen 911 Turbo 3.3 klar in den Schatten: Er war um 10 km/h schneller, brauchte für den Hunderter-Sprint zwei Zehntel kürzer und konsumierte überdies weniger Kraftstoff.

Zu den weiteren Veränderungen am Fahrzeug gehörten eine Tieferlegung um 20 Millimeter, überarbeitete Bremsen und ein marginal geänderter Mittelbereich des Hecks. Der 204.000 DM teure 911 Turbo 3.6 blieb allerdings eine Rarität, weil seine Produktion Ende 1993 bereits wieder gestoppt wurde.

TECHNISCHE DATEN	
Produktion	1993
Stückzahl	1.437
Karosserie	2+2-sitziges Coupé
L x B x H (mm)	4.275 x 1.775 x 1.290
Radstand (mm)	2.272
Leergewicht (kg)	1.470
Motoranordnung	Heck
Antrieb	Heck
Bauform Motor	Boxer
Zylinder	6
Hubraum (cm³)	3.600
Bohrung x Hub (mm)	100,0 x 76,4
Leistung (PS)	360
Drehmoment (Nm)	520
V_{max} (km/h)	280
0–100 km/h (s)	4,8

1993 911 Carrera 4 „30 Jahre 911“ (964)

Premiere: Sondermodelle wurden bis dato von Porsche nicht international vermarktet.

TECHNISCHE DATEN	
Produktion	1993
Stückzahl	911
Karosserie	2+2-sitziges Coupé
L x B x H (mm)	4.250 x 1.775 x 1.310
Radstand (mm)	2.272
Leergewicht (kg)	1.450
Motoranordnung	Heck
Antrieb	Allrad
Bauform Motor	Boxer
Zylinder	6
Hubraum (cm³)	3.600
Bohrung x Hub (mm)	100,0 x 76,4
Leistung (PS)	250
Drehmoment (Nm)	310
V_{max} (km/h)	260
0–100 km/h (s)	5,7

Der 911 war längst zu einer Legende herangereift und kam zusehends in ein Alter, in dem Geburtstage feiernswert wurden. Als 1988 der 911 vom Typ 964 vorgestellt wurde, wurde erstmals gezielt auf die Geburtsstunde der Baureihe verwiesen, die damals exakt 25 Jahre alt wurde. Fünf Jahre später, kurz vor dem bevorstehenden Generationswechsel vom 964 zum 993, würdigte Porsche den Geburtstag des 911 zum ersten Mal mit einem Sondermodell. Um die Exklusivität zu wahren, war seine Produktion auf 911 Fahrzeuge beschränkt, von denen die letzten Modelle noch 1994 ausgeliefert wurden.

In seinen technischen Grundzügen basierte das Jubiläumsmodell auf dem 911 Carrera 4. Allerdings wurde zum ersten Mal der Allradantrieb mit dem „Turbo-Look“ kombiniert, was sich am deutlichsten in den Kotflügelverbreiterungen und der geänderten Frontpartie zeigte. Denn das vielleicht wichtigste Merkmal des „Turbo-Looks“, der große, feststehende Heckflügel fehlte. Stattdessen besaß das Modell den bekannten ausfahrbaren Spoiler, was zu einer zielgruppengerechteren, eleganteren Optik führte.

Technisch unterschied sich das Sondermodell nicht von dem 911 Carrera 4. Exklusiv war dagegen die Ausstattung: Sie war nicht nur „über“-komplett und umfasste unter anderem eine Vollederausstattung, sondern sie zeichnete sich durch exklusive Farbgebungen aus. Dazu gehörten auch die vier verfügbaren Außenlackierungen. Aufsehen erregte bei den Fans die Typenbezeichnung „911“ am Fahrzeugheck – ein Kürzel, das nach längerer Pause wieder zum Einsatz kam.

911 Carrera RS 3.8 (964)

1993

Die Spatzen pfiffen es längst von den Dächern, dass eine neue 911-Generation vor der Tür stand. Und trotzdem legte Porsche bei der auslaufenden 964-Baureihe nochmals gründlich nach. Neben dem nur zwölf Monate lang gefertigten 911 Turbo 3.6 präsentierte das Unternehmen rechtzeitig zu Beginn der Motorsportsaison 1993 einen neuen 911 Carrera RS. Immerhin war die Fertigung des Vorgängers trotz reger Nachfrage Ende 1992 eingestellt worden, sodass eine Neuauflage nur logisch schien.

Tatsächlich war der neue 911 Carrera RS aber anders geartet und kein einfaches Remake. Denn während sich der erste „RS" stark am 911 Carrera 2 orientierte, lagen beim zweiten ganz offenkundige Motorsportambitionen zugrunde: Der Neue erschien zusammen mit dem 911 Carrera RSR, und beide trennte kaum mehr als die Zulassungsfähigkeit für den öffentlichen Straßenverkehr. Um bei GT-Rennen einen größeren Motor einsetzen zu können, verfügte der neue 911 Carrera RS über einen luftgekühlten 3,8-Liter-Boxermotor, der eine größere Bohrung als die 3,6-Liter-Maschine aufwies. Auch die weitere Optimierung war mit hohem Aufwand betrieben worden, und so wuchs die Motorleistung auf glatte 300 PS.

Optisch war der neue 911 Carrera RS in einen „Turbo-Look" gehüllt, was ihn ungleich „gefährlicher" aussehen ließ. Dazu passten die 18-Zoll-Felgen von Speedline. Verstärkte Bremsen (abermals in Rot) und vor allem konsequenter Leichtbau trieben den Preis hoch auf 225.000 DM – deutlich mehr, als der 360 PS starke 911 Turbo 3.6 kostete.

Konsequent: Der zweite „RS" war noch stärker auf den Motorsport zugeschnitten.

TECHNISCHE DATEN	
Produktion	1993
Stückzahl	90 (inkl. Rennversionen)
Karosserie	2-sitziges Coupé
L x B x H (mm)	4.275 x 1.652 x 1.270
Radstand (mm)	2.272
Leergewicht (kg)	1.249
Motoranordnung	Heck
Antrieb	Heck
Bauform Motor	Boxer
Zylinder	6
Hubraum (cm^3)	3.746
Bohrung x Hub (mm)	102,0 x 76,4
Leistung (PS)	300
Drehmoment (Nm)	360
V_{max} (km/h)	271
0–100 km/h (s)	5,2

1991

968

Harmonischer: Der 968 folgte der Linienführung des 944, nahm aber auch Anleihen beim 928.

TECHNISCHE DATEN	
Produktion	1991–1995
Stückzahl	5.731
Karosserie	2+2-sitziges Coupé
L x B x H (mm)	4.320 x 1.735 x 1.275
Radstand (mm)	2.400
Leergewicht (kg)	1.370
Motoranordnung	Front
Antrieb	Heck
Bauform Motor	Reihe
Zylinder	4
Hubraum (cm³)	2.990
Bohrung x Hub (mm)	104,0 x 88,0
Leistung (PS)	240
Drehmoment (Nm)	305
V_{max} (km/h)	252
0–100 km/h (s)	6,5

Das VW-Erbe des 924 konnte der 944 nur schwer abschütteln. Erst seinem Nachfolger, dem 968, gelang es endgültig, diesen Makel abzulegen. Dabei war er im Grunde genommen nur eine Weiterentwicklung der bestehenden Plattform. Trotzdem wirkte der 968 optisch ungleich „erwachsener". Dazu trugen seine Klappscheinwerfer (in der Form der typischen 911-Rundleuchten) und eine Bug- und Heckpartie im 928-Stil entscheidend mit bei. Eingefleischte Fans reagierten überdies positiv darauf, dass zumindest das 968 Coupé im Stammwerk in Zuffenhausen gefertigt wurde.

Auch wenn die Frontmotorbaureihe weiterhin von einem Vierzylinder angetrieben wurde, so war die Entwicklung zum 968-Triebwerk ein gewaltiger Schritt: Mit 3,0 Liter Hubraum war er nicht nur der größte, sondern mit 240 PS auch der stärkste Vierzylinder der Welt. Erstmals kam eine verstellbare Einlassnockenwelle zum Einsatz, die entscheidend mit zu dieser hohen Literleistung beitrug. Noch wichtiger war aber, dass die Technik dem Triebwerk einen Durchzug verlieh, den man vom bisherigen 944 nicht kannte. „Beiläufig" sank aber auch der Kraftstoffverbrauch.

Serienmäßiges ABS, Airbags und ein 6-Gang-Getriebe werteten den 968 auch bei der Ausstattung gegenüber seinem Vorgänger deutlich auf – was sich allerdings auch beim Preis niederschlug: Im Herbst 1991 kostete der 968 89.800 DM, knappe vier Jahre später bereits 99.390 DM. Erstmals konnte überdies ein Vierzylinder-Porsche mit Tiptronic ausgestattet werden – für 5.850 DM Aufpreis.

968 Cabrio 1991

Das 944 Cabrio war für Porsche ein beachtlicher Erfolg. So schien es den Produktverantwortlichen in Zuffenhausen nur logisch, auch vom 968 eine Open-Air-Variante aufzulegen. Doch anders als beim 944 debütierte das 968 Cabrio bereits zeitgleich mit der Coupéversion auf der IAA. Es hatte die gleiche aufgewertete Serienausstattung und war obendrein mit einer elektrischen Verdeckbetätigung ausgestattet. Exakt 10.000 DM waren 1991 für den luftigen Spaß mehr zu zahlen. Beim Auslaufen der Fertigung im Jahr 1995 war mit 112.850 DM die 100.000er-Mauer allerdings klar durchbrochen.

Wie beim Vorgänger erfolgte die Montage des Cabrios bei ASC in Weinsberg. Das Verdeck erwies sich abermals als vergleichsweise robust. Und wie gehabt entfielen auch die Rücksitze nicht – im Gegenteil, beim 968 Cabrio boten sie sogar noch mehr Komfort. Antriebstechnisch waren Coupé und Cabrio natürlich identisch, sodass auch im offenen 968 der 240 PS starke 3,0-Liter-Vierzylinder zum Einsatz kam.

Das Aus für die Baureihe kam ebenfalls gemeinsam – und viel schneller als erwartet: Trotz einer halbwegs soliden Nachfrage wurde im Juli 1995 die Fertigung nach knapp vier Jahren Bauzeit bereits wieder eingestellt: Drei untereinander kaum kompatible Baureihen waren für den „Sanierungsfall Porsche" zu diesem Zeitpunkt einfach zu viel. Damit ging auch nach 20 Jahren die Ära der Vierzylinder-Frontmotor-Porsche zu Ende. Dabei hätte gerade der 968 ein längeres Leben verdient gehabt.

Gehörte dazu: Porsche-Dächer verschwanden bis Mitte der 1990er-Jahre unter einer Persenning.

TECHNISCHE DATEN	
Produktion	1991–1995
Stückzahl	3.959
Karosserie	2+2-sitziges Cabrio
L x B x H (mm)	4.320 x 1.735 x 1.275
Radstand (mm)	2.400
Leergewicht (kg)	1.400
Motoranordnung	Front
Antrieb	Heck
Bauform Motor	Reihe
Zylinder	4
Hubraum (cm³)	2.990
Bohrung x Hub (mm)	104,0 x 88,0
Leistung (PS)	240
Drehmoment (Nm)	305
V_{max} (km/h)	252
0–100 km/h (s)	6,5

1992 968 CS

Spar- oder Sportmodell? Der 968 CS war billiger als das Basisfahrzeug, aber auch agiler.

TECHNISCHE DATEN	
Produktion	1992–1995
Stückzahl	1.538
Karosserie	2-sitziges Coupé
L x B x H (mm)	4.320 x 1.735 x 1.255
Radstand (mm)	2.400
Leergewicht (kg)	1.320
Motoranordnung	Front
Antrieb	Heck
Bauform Motor	Reihe
Zylinder	4
Hubraum (cm³)	2.990
Bohrung x Hub (mm)	104,0 x 88,0
Leistung (PS)	240
Drehmoment (Nm)	305
V_{max} (km/h)	252
0–100 km/h (s)	6,5

Um das Image eines schwächlichen Einstiegs-Porsche abzulegen, wurde der 968 bereits von Beginn an in der Basisversion mit einem 240-PS-Motor ausgestattet. Das waren gerade einmal 10 PS weniger, als der 911 Carrera zu diesem Zeitpunkt besaß. Konnten engagierte Piloten dieses Defizit des 968 durch das gute Handling des „Kleinen" wettmachen, gab Porsche mit dem 968 CS der Kundschaft ein Modell an die Hand, mit dem sich der 911 tatsächlich „ärgern" ließ. In vielen fahrdynamischen Aspekten war der 968 CS einem 911 Carrera durchaus ebenbürtig.

Dabei war die Idee des „CS" – das Kürzel steht für Clubsport – ursprünglich eine ganz andere: Durch den Entfall zahlreicher Komfortelemente sollte der 968 CS nicht nur sportlicher, sondern vor allem günstiger werden: Tatsächlich war er bei Markteinführung 1992 mit 77.500 DM gut 18.000 DM billiger als der normale 968. Zum Sparprogramm trugen entferntes Dämmmaterial, fehlende elektrische Fensterheber und die ausgebaute Rückbank bei. Auch die Klimaanlage fehlte, konnte aber als Option nachbestellt werden – eine Möglichkeit, die später auch den Rücksitzen zugebilligt wurde.

Für das betont sportliche Flair sorgten knallige Farben, die Sitzanlage des 911 Carrera RS, ein Sportfahrwerk mit 20 Millimeter Tieferlegung und ein markanter Heckspoiler. Das Triebwerk blieb allerdings unangetastet. Doch weil die Kur den 968 CS rund 50 Kilogramm leichter gemacht hatte, wurde er zum potenten 911-Jäger – besonders, wenn er mit dem optionalen Sportpaket ausgerüstet war.

968 Turbo S 1993

Dem Ehrgeiz der 968-Fraktion im Porsche-Management war kein Weg zu aufwendig, die Baureihe als vollwertigen und leistungsstarken Porsche zu profilieren. War schon der 968 über seine flotte Gangart bekannt, wurde der 968 CS zur scharfen Waffe – der seinerseits wieder vom 968 Turbo S getoppt wurde. Seine Leistungswerte stellten selbst den 911 Carrera in den Schatten: 305 PS, 500 Newtonmeter und eine Top-Geschwindigkeit von 280 km/h waren herausragende Merkmale des weiterhin von einem Vierzylinder angetriebenen Fahrzeugs. Allerdings wurde dieser in bester Tradition des Hauses von einem Turbolader künstlich beatmet, verfügte jedoch nur über einen konventionellen Zweiventil-Zylinderkopf.

Hintergrund für die Entstehung des 968 Turbo S war der in Deutschland neu ins Leben gerufene ADAC GT-Cup. Um dort mit der Rennversion 968 Turbo RS teilnehmen zu können, mussten „einige" Straßenfahrzeuge entstehen. Tatsächlich wurde nur 14 straßentaugliche 968 Turbo S gefertigt, die ab Frühjahr 1993 zu einem Preis von 175.000 DM angeboten wurden. Heute sind die Modelle eine gesuchte Rarität.

Der 968 Turbo S basierte weitgehend auf dem 968 CS, war aber nochmals von Überflüssigem erleichtert worden. Außerdem war er um weitere 20 Millimeter tiefer gelegt, verfügte über die Bremsanlage und die 18-Zoll-Räder des 911 Turbo S und war auch optisch gut zu unterscheiden: Ein im Mittelteil verstellbarer Heckflügel, zwei Lufteinlässe auf der Haube und ein zusätzlicher Frontspoiler machten ihn unverwechselbar.

Übermut: Der 305 PS starke 968 Turbo S überflügelte endgültig den 911 Carrera.

TECHNISCHE DATEN	
Produktion	1993–1994
Stückzahl	14
Karosserie	2-sitziges Coupé
L x B x H (mm)	4.320 x 1.735 x 1.255
Radstand (mm)	2.400
Leergewicht (kg)	1.300
Motoranordnung	Front
Antrieb	Heck
Bauform Motor	Reihe
Zylinder	4
Hubraum (cm³)	2.990
Bohrung x Hub (mm)	104,0 x 88,0
Leistung (PS)	305
Drehmoment (Nm)	500
V_{max} (km/h)	280
0–100 km/h (s)	5,0

1993

911 Carrera (993)

Letztmalig mit alter Technik: Das Cabrio auf Basis des 993 hatte noch den klassischen Look.

TECHNISCHE DATEN	
Produktion	1993–1995
Stückzahl	38.626
Karosserie	2+2-sitziges Coupé/Cabrio
L x B x H (mm)	4.245 x 1.735 x 1.300
Radstand (mm)	2.272
Leergewicht (kg)	1.370 (ab 1995: 1.400)
Motoranordnung	Heck
Antrieb	Heck
Bauform Motor	Boxer
Zylinder	6
Hubraum (cm³)	3.600
Bohrung x Hub (mm)	100,0 x 76,4
Leistung (PS)	272 (ab 1995: 285)
Drehmoment (Nm)	330 (ab 1995: 340)
V_{max} (km/h)	270 (ab 1995: 275)
0–100 km/h (s)	5,6 (ab 1995: 5,4)

Der Modellwechsel vom „G-Modell" zum 964 war von Porsche-Fans zunächst mit gemischten Gefühlen aufgenommen worden. Der folgende Schritt zum 911 der Generation 993 stieß dagegen durchwegs auf positives Echo: Die Proportionen des neuen 911 Carrera waren rundum stimmig, wirkten zugleich aber auch sehr modern. Dafür sorgten unter anderem die flacheren Ellipsoid-Scheinwerfer und die breiteren Kotflügel. Davon profitierte nicht nur das 1993 auf der IAA vorgestellte Coupé, sondern auch das ein halbes Jahr später erscheinende Cabriolet. Wie schon beim Vorgänger hatte auch dieser 911 Carrera einen ausfahrbaren Heckspoiler.

Was Fans noch nicht wussten: Letztmalig besaß der 911 einen luftgekühlten Boxermotor. Er stammte aus dem 964 und hatte 3,6 Liter Hubraum, war aber für den Einsatz im 993 kräftig modifiziert worden. Dagegen waren Überlegungen, einen Achtzylindermotor zu verwenden, aus Kostengründen verworfen worden. Die Leistung wuchs aber auch mit dem Boxermotor und betrug 272 PS. Ab Herbst 1995 stieg sie durch die Verwendung des Variocam-Systems auf 285 PS. Äußerlich waren diese Modelle an den etwas rechteckigeren Abgasendrohren zu erkennen.

Die Baureihe 993 war serienmäßig erstmals mit einem Sechsganggetriebe ausgestattet. Optional stand wieder die Vierstufenautomatik zur Verfügung. Eine gründliche Überarbeitung hatte auch die Mehrlenker-Hinterachse erfahren, die nun noch höhere Querbeschleunigungen ermöglichte. Im Frühjahr 1994 kostete das Coupé 125.760 DM, das Cabrio 142.620 DM.

911 Carrera 4 (993)

Ein Jahr, nachdem der heckgetriebene 911 Carrera der Generation 993 erschienen war, folgte die Allradversion. Sie trug erneut den Namenszusatz „4“, während beim konventionellen Antrieb das Kürzel „2“ verschwand. Selbstverständlich war das Triebwerk in beiden Antriebsvarianten äquivalent: Auch der 911 Carrera 4 wurde vom weiterentwickelten 3,6-Liter-Boxermotor angetrieben, der jetzt 272 PS leistete. Zeitgleich mit dem 911 Carrera kam auch der 911 Carrera 4 im Herbst 1995 in den Genuss des überarbeiteten Aggregats mit 285 PS.

Eine nicht sichtbare Weiterentwicklung war der Allradantrieb. Er war von Grund auf neu konzipiert worden. Die Kraftverteilung war jetzt nicht mehr konstant, sondern schlupfabhängig. Neben einem Sperrdifferenzial sorgte nun auch ein Bremsdifferenzial für mehr Traktion. Gleichzeitig wurde das Gesamtsystem deutlich leichter, sodass der 911 Carrera 4 nur noch 50 Kilogramm mehr als der Hecktriebler auf die Waage brachte. Weil auch die mechanische Reibung verringert werden konnte, verbesserten sich die Fahrleistungen der 4x4-Version spürbar und hinkten dem 911 Carrera nur noch geringfügig hinterher.

Zusammen mit dem 134.340 DM teuren 911 Carrera 4 Coupé erschien auch das allradgetriebene Cabrio zum Preis von 151.190 DM. Es zeichnete sich, wie schon die heckgetriebene Version, durch ein Verdeck aus, über das nach dem Öffnen eine Persenning zu ziehen war. Sofern die Besitzer dies nicht nachträglich änderten, waren Allradfahrzeuge an weißen Blinkern vorne und roten hinten zu erkennen.

Gelungene Proportionen: Der 993 wurde zu einem schönen Meilenstein der 911-Geschichte.

TECHNISCHE DATEN	
Produktion	1994–1997
Stückzahl	7.166
Karosserie	2+2-sitziges Coupé/Cabrio
L x B x H (mm)	4.245 x 1.735 x 1.300
Radstand (mm)	2.272
Leergewicht (kg)	1.420 (ab 1995: 1.450)
Motoranordnung	Heck
Antrieb	Allrad
Bauform Motor	Boxer
Zylinder	6
Hubraum (cm³)	3.600
Bohrung x Hub (mm)	100,0 x 76,4
Leistung (PS)	272 (ab 1995: 285)
Drehmoment (Nm)	330 (ab 1995: 340)
V_{max} (km/h)	270 (ab 1995: 275)
0–100 km/h (s)	5,6 (ab 1995: 5,4)

1994 911 Carrera RS (993)

Es lebe der Sport! Für den 911 Carrera RS gab es ein äußerlich gut erkennbares Sportpaket (oben).

TECHNISCHE DATEN	
Produktion	1994–1996
Stückzahl	1.241
Karosserie	2-sitziges Coupé
L x B x H (mm)	4.245 x 1.735 x 1.270
Radstand (mm)	2.272
Leergewicht (kg)	1.270
Motoranordnung	Heck
Antrieb	Heck
Bauform Motor	Boxer
Zylinder	6
Hubraum (cm^3)	3.746
Bohrung x Hub (mm)	102,0 x 76,4
Leistung (PS)	300
Drehmoment (Nm)	355
V_{max} (km/h)	277
0–100 km/h (s)	5,0

Wie schon bei der Vorgängerbaureihe entwickelte Porsche einen neuen „RS". Als Referenz musste dabei der geläufigere 911 Carrera RS von 1992 herhalten, nicht die späte Version mit dem 3,8-Liter-Motor. Denn genau dieses Triebwerk kam jetzt auch in dem neuen 911 Carrera RS zum Einsatz – mit genau jenen Leistungsdaten, die schon das späte Modell auf Basis des 964 besaß, was natürlich kein Fortschritt gewesen wäre.

Der 911 Carrera RS basierte auf dem heckgetriebenen Coupé, war aber konsequent gewichtsoptimiert. Obwohl sein 300 PS starkes Triebwerk größer und schwerer war als der 3,6-Liter-Basismotor, war der 911 Carrera RS insgesamt stolze 100 Kilogramm leichter. Dafür waren die Rücksitze und das Dämmmaterial entfernt worden, während gleichzeitig besonders leichte Schalensitze Einzug hielten. Zur technischen Ausstattung gehörten überdies eine stärkere Bremsanlage (analog der des kurz darauf erscheinenden 911 Turbo), 18-Zoll-Räder, eine Tieferlegung um 20 Millimeter sowie ein Sportfahrwerk. Derart geschärft erreichte der 911 Carrera RS eine Höchstgeschwindigkeit von 277 km/h und sprintete in lediglich 5,0 Sekunden auf Tempo 100. Ein feststehender, flacher Heckspoiler sorgte dabei für genügend Anpressdruck.

Wer mit seinem Fahrzeug regelmäßig auf der Rennstrecke sein wollte, konnte ein Clubsport-Paket bestellen. Es war äußerlich am durchgängigen Frontspoiler und am deutlich größeren Doppel-Heckflügel zu erkennen. Die Produktion des rund 150.000 DM teuren 911 Carrera RS endete 1996.

911 Turbo (993) 1995

Im März 1995 präsentierte Porsche auf dem Genfer Autosalon die neueste Generation des 911 Turbo und beendete damit eine gut 18-monatige Vakanz. Das neue Spitzenmodell der Baureihe 993 war in vielen Dingen radikal anders und brach mit den Gepflogenheiten der Vorgänger. Besonders wichtig: Porsche unternahm alles, um den 911 Turbo nicht zu bissig geraten zu lassen. Das führte dazu, dass der „Turbo" zum ersten Mal in seiner 20-jährigen Geschichte mit Allradantrieb ausgerüstet wurde. Das permanente 4x4-System stammte vom 911 Carrera 4 und war für den 911 Turbo die einzige erhältliche Antriebsform. Puristen rümpften darüber zunächst die Nase.

Insgesamt kostete der Allradantrieb jedoch nur 30 Kilogramm, die das Fahrzeug gegenüber seinem heckgetriebenen Vorgänger schwerer machten – der Rest wurde anderweitig eingespart. Dass sich der 911 Turbo insgesamt doch deutlich dynamischer gab als das alte Modell, lag aber in erster Linie an seiner Leistung. Sie wuchs um fast 14 Prozent auf 408 PS. Das war dem Einsatz von zwei Turboladern und zwei Ladeluftkühlern zuzuschreiben, die den 3,6-Liter-Boxermoter in neue Leistungsregionen beförderten. Damit erreichte der 911 Turbo eine Höchstgeschwindigkeit von 290 km/h.

Wie fortschrittlich das Antriebskonzept war, zeigte sich in den günstigen Emissionswerten und bei dem integrierten Diagnosesystem. Zusammen mit der üppigen Serienausstattung unterstrich das die Rolle des bis Ende 1998 gebauten Fahrzeugs als unumstrittenes Spitzenmodell von Porsche – zu einem Preis von 212.040 DM.

Weg zum Gran Turismo: Allradantrieb machte aus dem 911 Turbo einen schnellen Reisesportwagen.

TECHNISCHE DATEN	
Produktion	1995–1998
Stückzahl	5.978
Karosserie	2+2-sitziges Coupé
L x B x H (mm)	4.245 x 1.795 x 1.285
Radstand (mm)	2.272
Leergewicht (kg)	1.500
Motoranordnung	Heck
Antrieb	Allrad
Bauform Motor	Boxer
Zylinder	6
Hubraum (cm^3)	3.600
Bohrung x Hub (mm)	100,0 x 76,4
Leistung (PS)	408
Drehmoment (Nm)	540
V_{max} (km/h)	290
0–100 km/h (s)	4,5

1995

911 GT2 (993)

Turbo-Hammer: Motorsportfans waren vom 911 GT2 begeistert, der heckgetrieben war.

TECHNISCHE DATEN	
Produktion	1995–1997
Stückzahl	172
Karosserie	2-sitziges Coupé
L x B x H (mm)	4.245 x 1.855 x 1.270
Radstand (mm)	2.272
Leergewicht (kg)	1.295
Motoranordnung	Heck
Antrieb	Heck
Bauform Motor	Boxer
Zylinder	6
Hubraum (cm³)	3.600
Bohrung x Hub (mm)	100,0 x 76,4
Leistung (PS)	430
Drehmoment (Nm)	540
V_{max} (km/h)	295
0–100 km/h (s)	4,4

Der wieder aufblühende GT-Sport machte Mitte der 1990er-Jahre eine Rückkehr von leistungsstarken Turbofahrzeugen auf die Rennstrecke möglich. Doch wegen seines Allradantriebs stellte der neue 911 Turbo keine unmittelbare Ausgangsbasis für den Motorsport dar. Deswegen entschloss man sich bei Porsche, einen heckgetriebenen Ableger zu entwickeln, der die Basis für künftige Motorsporteinsätze bilden sollte. Ende 1995 stellte Porsche deswegen den 911 GT2 vor, dessen Typenbezeichnung „911 GT" für etwas Verwirrung sorgte.

Im 911 GT2 arbeitete der 3,6-Liter-Doppelturbo-Boxer, der durch einen höheren Ladedruck und eine geänderte Motorelektronik eine Leistung von 430 PS erreichte – ein Leistungsplus von 22 PS, das auch 911-Turbo-Käufer als Werksleistungssteigerung erwerben konnten. Einige wenige, späte Exemplare (1998) wurden sogar mit 450 PS ausgeliefert. Das Drehmoment kletterte auf 540 Newtonmeter, die Höchstgeschwindigkeit näherte sich mit 295 km/h zusehends der 300er-Mauer. Der Spurt in nur 4,4 Sekunden auf Tempo 100 war nicht minder beeindruckend.

Im Detail zeigte sich die konsequente Auslegung des 911 GT2 auf den Rennsport: Ein zusätzlicher Ölkühler für die wirkungsvollere Motorkühlung, ein großer Frontspoiler, ein verstellbarer Heckflügel, angenietete Kotflügelverbreiterungen und vieles andere mehr. Nicht zu vergessen das Gewicht: Im Vergleich zum 1.500 Kilogramm schweren 911 Turbo wog der 911 GT2 lediglich 1.295 Kilogramm. Tatsächlich wurde der 911 GT2 zum Ausgangspunkt zahlreicher Motorsporterfolge.

911 Targa (993)

1995

Auf der IAA im September 1995 präsentierte Porsche einen neuen 911 Targa, der zwei Jahre lang im Modellprogramm gefehlt hatte. Das exakt 30 Jahre nach dem Ur-Targa vorgestellte Fahrzeug stellte eine entscheidende Zäsur für das Konzept dar: Zum ersten Mal besaß der 911 Targa kein per Hand herausnehmbares Dachmittelteil, sondern ein elektrisch nach hinten fahrendes Glasdach. Spötter bezeichneten das System als das größte Schiebedach der Welt und monierten das fehlende Targa-Feeling. Tatsächlich war die Öffnung zwar genauso groß wie zuvor, doch die feststehenden seitlichen Dachholme schränkten das Offenfahrgefühl etwas ein.

Das neue Konzept hatte aber durchaus seine charmante Seite: Es funktionierte – anders als früher – ohne abgeknickte Fingernägel und im Sitzen und war in einer Zeit, in der Metallklappdächer noch nicht erhältlich waren, geradezu revolutionär. Komfortorientierte Kunden verschmerzten dafür gerne das Mehrgewicht von 30 Kilogramm. Um eine maximale Steifigkeit zu erreichen, gründete der 911 Targa auf der gestärkten Karosserie des Cabrio, auf der die Dachstreben angebracht wurden. Das Glasdach schob sich auf Knopfdruck unter die Heckscheibe und konnte auch mit einem manuellen Sonnenschutzrollo abgedunkelt werden.

Der 145.000 DM teure 911 Targa wurde so eigenständig vermarktet, dass sein Heck der schlichte Schriftzug „Targa“ zierte und nicht, wie bis dato und wie bei den Cabrios bis heute, „Carrera“. Er wurde ausschließlich mit der 285-PS-Ausbaustufe ausgeliefert und nur mit Heckantrieb.

Neue Philosophie: Der 993 interpretierte den Targa auf völlig neue Weise.

TECHNISCHE DATEN	
Produktion	1995–1997
Stückzahl	4.583
Karosserie	2+2-sitziger Targa
L x B x H (mm)	4.245 x 1.735 x 1.300
Radstand (mm)	2.272
Leergewicht (kg)	1.400
Motoranordnung	Heck
Antrieb	Heck
Bauform Motor	Boxer
Zylinder	6
Hubraum (cm³)	3.600
Bohrung x Hub (mm)	100,0 x 76,4
Leistung (PS)	285
Drehmoment (Nm)	340
V_{max} (km/h)	275
0–100 km/h (s)	5,4

1995

911 Carrera 4S (993)

Idee, die bei den Kunden ankam: Der 911 Carrera 4S kombinierte Breitbau mit Allradantrieb.

TECHNISCHE DATEN	
Produktion	1995–1998
Stückzahl	6.948
Karosserie	2+2-sitziges Coupé
L x B x H (mm)	4.245 x 1.795 x 1.285
Radstand (mm)	2.272
Leergewicht (kg)	1.450
Motoranordnung	Heck
Antrieb	Allrad
Bauform Motor	Boxer
Zylinder	6
Hubraum (cm³)	3.600
Bohrung x Hub (mm)	100,0 x 76,4
Leistung (PS)	285
Drehmoment (Nm)	340
V_{max} (km/h)	270
0–100 km/h (s)	5,5

Ende 1995 stellte Porsche ein neues Derivat der 911-Familie vor: den 911 Carrera 4S. Geistiger Pate war möglicherweise das Jubiläumsmodell „30 Jahre 911", das von der vorhergehenden 911-Generation aufgelegt worden war. Es besaß Allradantrieb und einen „Turbo-Look". Genau diese Kombination griff nun auch die Baureihe 993 auf – jedoch nicht als limitierte Sonderserie, sondern als frei erhältliches Modell.

Konkret bekam der 911 Carrera 4S die markante Frontschürze, die auch den 911 Turbo auszeichnete. Er übernahm auch dessen voluminösere Kotflügel, durch die beide Modelle jeweils sechs Zentimeter breiter wurden als der 911 Carrera. In den Radhäusern waren serienmäßig 18 Zoll große Leichtmetallfelgen montiert. Außerdem sorgten auffälligere Seitenschweller für eine bessere Aerodynamik und einen markanteren Auftritt. Nur beim Heck unterschieden sich 911 Carrera 4S und 911 Turbo klar voneinander – aufgrund des Typenschilds und wegen des ausfahrbaren Spoilers, der nicht durch den feststehenden „Turbo-Flügel" ersetzt worden war.

Technisch war der 911 Carrera 4S weitgehend mit dem Basis-Carrera identisch. Wie dieser nutzte er den auf 285 PS erstarkten 3,6-Liter-Boxermotor und das Sechsganggetriebe, die Tiptronic war optional. Allerdings übernahm er die Bremsen des 911 Turbo mit ihren roten Bremssätteln und das tiefergelegte Sportfahrwerk. Auch bei der Ausstattung orientierte sich der 911 Carrera 4S am stärkeren Bruder: Sie war umfangreicher als im 911 Carrera 4.

911 Carrera S (993) 1996

Aufs Wesentliche konzentriert: Der 911 Carrera S war breiter und heckgetrieben.

Obwohl Porsche für den 911 Carrera 4S 16.000 DM mehr verlangte als für den gleich starken 911 Carrera 4, wurde der teure Ableger zum beachtlichen Erfolg. War man im Unternehmen allerdings zunächst davon ausgegangen, dass der gesamte „Turbo-Look" und die Adaption der Technik des 911 Turbo das Zugpferd sein würde, wurde schnell klar: Den Kunden ging es vor allem um den optischen wirkungsvollen Breitbau, der in der Öffentlichkeit wegen des fehlenden Heckflügels sowieso nicht als vom 911 Turbo abstammend erkannt wurde. Vor dem Hintergrund der frisch gestarteten Diversifizierungsstrategie war die Vorstellung des 911 Carrera S logisch. Erste Fahrzeuge wurden Anfang 1996 ausgeliefert.

Bereits ein Blick auf die Preisliste offenbarte, dass sein Mehrwert geringer ausfiel als der des allradgetriebenen Gegenstücks: Waren bei diesen 16.000 DM mehr für den „S" zu zahlen, waren es in diesem Fall noch nicht einmal 5.000 DM, die der 911 Carrera S gegenüber dem 911 Carrera kostete. Tatsächlich fehlten daher auch das Fahrwerk und die Bremsen des 911 Turbo, die 18-Zoll-Räder (911 Carrera S: 17 Zoll) und einige Innenkomponenten. Was ihn dagegen äußerlich ausmachte, waren Frontspoiler, Seitenschweller und Kotflügelverbreiterungen. Bemerkenswert war allerdings der Frontspoiler, der durch einen mittig angeordneten Steg eine Doppelgitteroptik besaß – neben den schwarzen Bremssätteln ein Unterscheidungskriterium für Experten. Außerdem hatte der 911 Carrera S, wie alle heckgetriebenen 911 der Baureihe 993, konventionelle Blinkerleuchten.

TECHNISCHE DATEN	
Produktion	1996–1997
Stückzahl	3.714
Karosserie	2+2-sitziges Coupé
L x B x H (mm)	4.245 x 1.795 x 1.285
Radstand (mm)	2.272
Leergewicht (kg)	1.420
Motoranordnung	Heck
Antrieb	Heck
Bauform Motor	Boxer
Zylinder	6
Hubraum (cm³)	3.600
Bohrung x Hub (mm)	100,0 x 76,4
Leistung (PS)	285
Drehmoment (Nm)	340
V_{max} (km/h)	270
0–100 km/h (s)	5,5

1996

911 GT1

Mit Mühe und Not für die Straße: Der 911 GT1 war eigentlich ein reinrassiger Rennwagen.

TECHNISCHE DATEN	
Produktion	1996–1998
Stückzahl	24
Karosserie	2-sitziges Coupé
L x B x H (mm)	4.710 x 1.980 x 1.173*
Radstand (mm)	2.500
Leergewicht (kg)	1.120*
Motoranordnung	Mitte
Antrieb	Heck
Bauform Motor	Boxer
Zylinder	6
Hubraum (cm^3)	3.164
Bohrung x Hub (mm)	95,0 x 74,4
Leistung (PS)	544–600*
Drehmoment (Nm)	600
V_{max} (km/h)	310*
0–100 km/h (s)	3,7*

* im Detail Abweichungen zw. Modellvers.

Mitte der 1990er-Jahre erlebte der GT-Sport eine ungeahnte Renaissance. Porsche nutzte die Chance des Reglements und schuf ein Fahrzeug, das dem Wortlaut, aber nicht ganz dem Geist des Reglements entsprach: Der 911 GT1 war ein reinrassiger Rennwagen, von dem reglementbedingt einige GT-Straßenversionen entstanden. Insgesamt waren es 24 Exemplare, die zwischen 1996 und 1998 in insgesamt drei äußerlich verschiedenen Versionen aufgelegt wurden: 1996 entstanden zunächst zwei Modelle, deren Bugpartien mit Rundscheinwerfern dem 993 entsprachen. Die Mehrheit der Fahrzeuge wurde 1997 im Look des kommenden 996 mit „Spiegeleierleuchten" gefertigt. 1998 erhielt das Fahrzeug eine nahezu gänzlich neue Gestalt, von der aber nur ein Homologationsmodell aufgebaut wurde.

Wie zielgerichtet der 911 GT1 entwickelt worden war, zeigte sich in einigen Eckdaten: Sein 3,2-Liter-Boxermotor war wassergekühlt und saß nicht im Heck, sondern noch vor der Hinterachse. Er leistete je nach Ausbaustufe zwischen 544 und 600 PS. Dass die Fahrleistungen damit nur unwesentlich besser als die eines regulären 911 GT2 (auf Basis des 993) waren, lag im kompromisslosen Setup für die Rennstrecke, das für schnelle Rundzeiten bürgte, aber nicht für werbewirksame Einzelfakten.

Diese hatte das Fahrzeug als Gewinner der „24 Stunden von Le Mans" 1998 auch nicht nötig: Zwar fanden sich nicht viele Interessierte, die den 1,5 Millionen DM teuren Wagen kauften, doch dafür machten sie ein gutes Geschäft: Ein 911 GT1 kostet heute den gleichen Betrag - in Euro!

Boxster (986) 1996

Bereits 1993 stellte Porsche in den USA ein Concept-Car vor, das den späteren Boxster vorwegnahm. Zunächst war dessen Realisation aber keineswegs sicher, und erst 1996 erschien der neue „Einsteiger-Porsche". Sein Name kennzeichnete die beiden wichtigsten technischen Merkmale: Boxer und Roadster. Damit war der 76.500 DM teure Sportwagen eine radikale Abkehr vom zuvor so lange gepflegten Konzept der kleinen Frontmotorfahrzeuge. Augenscheinlich besaß der Boxster alles, was einen „echten" Porsche ausmachte. Die Optik eines kleinen, zweisitzigen Roadsters nahm Anleihen bei Porsche-Rennwagen der 1950er-Jahre, ohne dabei retro zu wirken. Sein Mittelmotorlayout sorgte zudem für jene Agilität, dank derer sich der Boxster auch gegenüber leistungsstärkeren Fahrzeugen durchsetzen konnte. Und die Verwendung eines Sechszylinder-Boxermotors ließ erst gar keine Zweifel aufkommen, aus welchem Stall der Zweisitzer kam. Da war es sogar zu verschmerzen, dass man das Triebwerk gar nicht sehen konnte, da es ausschließlich von unten zugänglich war.

Ungleich mehr Aufmerksamkeit erregte allerdings der Umstand, dass erstmals der Boxermotor eines Straßen-Porsche wassergekühlt war. 204 PS generierte das Triebwerk aus 2,5 Liter Hubraum. Der 986, programmtechnisch der Vorgänger des Boxster, brachte es dagegen auf 240 PS. Doch letztlich reichte die Leistung aus, um angemessene 240 km/h zu erzielen und in 6,9 Sekunden auf Tempo 100 zu sprinten. Die Nachfrage war so groß, dass Porsche einen Teil der Produktion nach Finnland verlegte.

Ein „Kleiner" nach Maß: Der Boxster bot einen würdigen Einstieg in die Welt von Porsche.

TECHNISCHE DATEN	
Produktion	1996–1999
Stückzahl	55.705
Karosserie	2-sitziger Roadster
L x B x H (mm)	4.315 x 1.780 x 1.290
Radstand (mm)	2.415
Leergewicht (kg)	1.250
Motoranordnung	Mitte
Antrieb	Heck
Bauform Motor	Boxer
Zylinder	6
Hubraum (cm^3)	2.480
Bohrung x Hub (mm)	85,5 x 72,0
Leistung (PS)	204
Drehmoment (Nm)	245
V_{max} (km/h)	240
0–100 km/h (s)	6,9

1999 Boxster S (986)

Oft mitbestellt: Das Hardtop unterstrich die Ganzjahrestauglichkeit des Boxster und Boxster S.

TECHNISCHE DATEN	
Produktion	1999–2004
Stückzahl	44.762
Karosserie	2-sitziger Roadster
L x B x H (mm)	4.315 x 1.780 x 1.290
Radstand (mm)	2.415
Leergewicht (kg)	1.295 (ab 2002: 1.320)
Motoranordnung	Mitte
Antrieb	Heck
Bauform Motor	Boxer
Zylinder	6
Hubraum (cm³)	3.179
Bohrung x Hub (mm)	93,0 x 78,0
Leistung (PS)	252 (ab 2002: 260)
Drehmoment (Nm)	305 (ab 2002: 310)
V_{max} (km/h)	260 (ab 2002: 264)
0–100 km/h (s)	5,9 (ab 2002: 5,7)

Die wahren Qualitäten eines Sportwagens zeigen sich auf kurvigen Strecken – und dort brauchte der Boxster mit seinem exzellenten Handling keine Konkurrenz zu fürchten. Doch für die Geraden hatte die Konkurrenz so stark aufgerüstet, dass Boxster-Fahrer bisweilen das Nachsehen hatten. Dem Ruf nach mehr Leistung begegnete Porsche mit dem Boxster S. Er wurde 1999 vorgestellt und kostete mit 94.900 DM gut 15.000 DM mehr als der Basis-Boxster.

Als Antriebsquelle diente ihm der gleiche, allerdings auf 3,2 Liter Hubraum erweiterte Boxermotor. Der vergrößerte Brennraum sorgte zusammen mit vielen weiteren Detailverbesserungen für angemessene 252 PS – satte 48 PS mehr als bis dato im Basis-Boxster, aber 40 PS weniger als im damaligen 911. Porsche hatte die Lektion gelernt und den „Respektsabstand" gewahrt, der einst beim 986 eingerissen war. 260 km/h sorgten gleichzeitig dafür, dass der Boxster S die Konkurrenz auch auf der Geraden abschütteln konnte. Optisch unterschied sich der „S" an den stärker dimensionierten – und deswegen roten – Bremsen und an dem mittigen Doppelrohrauspuff anstelle des einfachen trapezförmigen.

Im Sommer 2002 erfuhr die gesamte Boxster-Baureihe eine vorsichtige Überarbeitung. Für den Boxster S bedeutete das zusätzliche 8 PS, vor allem aber eine merklich erweiterte Ausstattung und einen hochwertigeren Innenraum. Optisch waren die neuen Modelle an einer überarbeiteten Bugpartie, lackierten seitlichen Lufteinlässen und einem steiler abfallenden Verdeck zu erkennen.

Boxster 2.7 (986) 1999

Innerhalb kürzester Zeit eroberte der Boxster eine große Fangemeinde. Trotz der konstant hohen Nachfrage ließ Porsche ihm bereits nach drei Jahren eine erste Überarbeitung angedeihen. Nahezu zeitgleich mit der Einführung des Boxster S bekam auch der Basis-Boxster ein stärkeres Herz. Dazu wurde der Hub des neuen wassergekühlten Boxermotors verlängert, der damit einen Gesamthubraum von 2,7 Litern erreichte. Ihm ließen sich 220 PS entlocken, die den Boxster 250 km/h schnell machten. In der Praxis war das Plus beim Drehmoment noch beeindruckender: 260 Newtonmeter sorgten vor allem im unteren Drehzahlbereich für besseren Durchzug.

Die übrigen Modifikationen im Rahmen das Facelifts fielen eher marginal aus. Sie galten vor allem der Aufwertung des Innenraums und des Ausstattungsniveaus – zwei anfangs häufiger genannte Kritikpunkte der Baureihe.

Ein noch größerer Schritt in diese Richtung erfolgte im Sommer 2002, als der Boxster in allen Bereichen weiterentwickelt wurde. So bescherte der Einzug der Variocam-Technik dem Motor 8 Zusatz-PS. Optische Retuschen gab es an der Bugpartie, den seitlichen Lufteinlässen und bei der Form der ausfahrbaren Heckspoilerlippe. Auch das Verdeck erhielt eine Überarbeitung und fiel nun im geschlossenen Zustand hinten steiler ab und besaß eine beheizbare Scheibe aus Glas. Eine weitere Maßnahme waren die weißen Blinkergläser: Sie entsprachen dem Zeitgeist und werteten das Fahrzeug optisch auf. In dieser Form blieb der Boxster zwei Jahre lang in Produktion.

Nach dem Update: Der Boxster 2.7 (rechts) und der Boxster S (links) bekamen 2002 mehr Leistung.

TECHNISCHE DATEN	
Produktion	1999–2004
Stückzahl	51.705
Karosserie	2-sitziger Roadster
L x B x H (mm)	4.315 x 1.780 x 1.290
Radstand (mm)	2.415
Leergewicht (kg)	1.260 (ab 2002: 1.275)
Motoranordnung	Mitte
Antrieb	Heck
Bauform Motor	Boxer
Zylinder	6
Hubraum (cm³)	2.687
Bohrung x Hub (mm)	85,5 x 78,0
Leistung (PS)	220 (ab 2002: 228)
Drehmoment (Nm)	260
V_{max} (km/h)	250 (ab 2002: 253)
0–100 km/h (s)	6,6 (ab 2002: 6,4)

2004 Boxster S „50 Jahre 550 Spyder“ (986)

Nette Details: Das Sondermodell besaß zum Beispiel einen Quer-Doppelrohrauspuff.

TECHNISCHE DATEN	
Produktion	2004
Stückzahl	1.953
Karosserie	2-sitziger Roadster
L x B x H (mm)	4.320 x 1.780 x 1.290
Radstand (mm)	2.415
Leergewicht (kg)	1.320
Motoranordnung	Mitte
Antrieb	Heck
Bauform Motor	Boxer
Zylinder	6
Hubraum (cm^3)	3.179
Bohrung x Hub (mm)	93,0 x 78,0
Leistung (PS)	266
Drehmoment (Nm)	310
V_{max} (km/h)	266
0–100 km/h (s)	5,7

Nach acht Jahren Produktionszeit neigte sich die Fertigung des Boxster dem Ende entgegen. Um der Baureihe noch einmal frischen Wind einzuflößen, legte Porsche ein Sondermodell auf, das im Januar 2004 auf der NAIAS in Detroit vorgestellt wurde. Es erinnerte an den Urahnen des Boxster, den 550 Spyder. Mit dem Mittelmotorrennwagen errang das Unternehmen in den 1950er-Jahren große Erfolge und diente durch sein technisches Konzept als Ideengeber für den Boxster: Zweisitzer, Roadster, Mittelmotor, Boxermotor, Leichtbau ...

Basis für das Sondermodell bildete der Boxster S. Durch Feinschliff im Detail entlockten die Porsche-Techniker dem 3,2-Liter-Motor 266 PS, also gerade einmal 6 PS mehr. Mehr gab es dafür bei der Ausstattung: Schaltwegeverkürzung, ESP, Sportfahrwerk, Sportabgasanlage, noch größere Bremsen und dunkle 18-Zoll-Räder kamen der Fahrdynamik zugute. Immerhin war der Boxster S „50 Jahre 550 Spyder“ jetzt auch 266 km/h schnell und besaß guten Durchzug.

Dabei legte auch seine serienmäßige Komfortausstattung kräftig zu: Soundsystem, Sitzheizung, Klimaautomatik und Volllederausstattung in Verdeckfarbe machten den Aufenthalt zum Wohlfühlerlebnis. Und selbst die Metallic-Lackierung war im Preis inbegriffen – auch exakt jener Farbton, der zuvor ausschließlich dem Carrera GT vorbehalten war. Dafür mussten Fans mit 59.192 Euro auch deutlich tiefer in die Tasche greifen. Trotzdem waren die 1.953 Exemplare (eine Anspielung auf das Debütjahr des 550 Spyder) rasch ausverkauft.

911 Carrera (996) 1997

Der Aufschrei der Fans war gewaltig, als Porsche im Herbst 1997 die nächste Generation des 911 vorstellte. Zwar war bereits beim Erscheinen des Boxster darüber spekuliert worden, dass auch der 911 das wassergekühlte Boxertriebwerk bekommen könnte. Als dieses aber tatsächlich im Typ 996 Verwendung fand, war die Entrüstung groß. Doch streng dem Zeitplan folgend, brachte Porsche bereits ein gutes halbes Jahr nach der Einführung des Coupés auch das 911 Carrera Cabrio an den Start. Dagegen kam kein 911 Targa mehr ins Angebot.

Tatsächlich bedeutete die Aufgabe der Luftkühlung den Verlust eines ganz wesentlichen Merkmals, das den 911 über die Jahrzehnte hinweg so einzigartig gemacht hatte – selbst wenn es technisch überholt war. Am deutlichsten machte sich dieser Generationswechsel akustisch bemerkbar, denn dem Motorklang fehlte die Bissigkeit. Zu allem Überfluss scheiterte der Versuch, durch modernes Sound-Engineering mehr Volumen zu erzeugen: Es wurde als Staubsaugerbrummen verspottet.

Immerhin waren die Leistungsdaten des völlig neuen Boxermotors mehr als angemessen: Aus 3,4 Liter Hubraum schöpfte er glatte 300 PS und konnte mit einem Drehmoment von 350 Newtonmetern aufwarten. Dass sich das Leistungsplus trotz des kleineren Hubraums realisieren ließ, war entscheidend auf die Einführung der Vierventiltechnik zurückzuführen, die wiederum eine Folge der Wasserkühlung war – ebenso die verbesserten Emissionswerte. Der 911 Carrera erreichte, nicht zuletzt auch aufgrund der Aerodynamik, eine Höchstgeschwindigkeit von 280 km/h.

Markenzeichen mit Makel: Die „Spiegeleierleuchten" verstärkten die optische Nähe zum Boxster.

TECHNISCHE DATEN	
Produktion	1997–2001
Stückzahl	54.733
Karosserie	2+2-sitziges Coupé/Cabrio
L x B x H (mm)	4.430 x 1.765 x 1.305
Radstand (mm)	2.350
Leergewicht (kg)	1.320 (1.395)*
Motoranordnung	Heck
Antrieb	Heck
Bauform Motor	Boxer
Zylinder	6
Hubraum (cm³)	3.387
Bohrung x Hub (mm)	96,0 x 78,0
Leistung (PS)	300
Drehmoment (Nm)	350
V_{max} (km/h)	280
0–100 km/h (s)	5,2 (5,4)*

* Cabrio

1998

911 Carrera 4 (996)

Inzwischen fester Bestandteil des Programms: der 911 Carrera 4 mit Allradantrieb

TECHNISCHE DATEN	
Produktion	1998–2001
Stückzahl	22.054
Karosserie	2+2-sitziges Coupé/Cabrio
L x B x H (mm)	4.430 x 1.765 x 1.305
Radstand (mm)	2.350
Leergewicht (kg)	1.375 (1.450)*
Motoranordnung	Heck
Antrieb	Allrad
Bauform Motor	Boxer
Zylinder	6
Hubraum (cm³)	3.387
Bohrung x Hub (mm)	96,0 x 78,0
Leistung (PS)	300
Drehmoment (Nm)	350
V_{max} (km/h)	280
0–100 km/h (s)	5,2 (5,4)*

* Cabrio

Rund ein Jahr nach dem 911 Carrera ergänzte Porsche das Modellprogramm im Herbst 1998 um den allradgetriebenen 911 Carrera 4. Er war zeitgleich als Coupé und Cabriolet erhältlich und nutzte in seinen wesentlichen Grundzügen die Allradtechnik des 993. Allerdings war sie erstmalig mit dem Automatikgetriebe kombinierbar. Eine Porsche-Neuheit war zudem das PSM, ein Anti-Schleuderprogramm analog ESP, das die Rolle des 911 Carrera 4 als sicherer Ganzjahres-Porsche unterstrich.

Bei Markteinführung der Allradversion hatten sich die Wogen um die neue 911-Version noch nicht gelegt. Neben der Wasserkühlung geriet auch das Design unter Beschuss. Regelmäßig wurde die zu enge Armaturentafel moniert, bei der die klassischen fünf Rundinstrumente überlappend angeordnet werden mussten. So fiel zum Beispiel der Tacho so klein aus, dass er nur über eine Digitalanzeige ablesbar war.

Noch schwerwiegender wogen die Designschwächen des Exterieurs, auch wenn der 911 Carrera 4 diese durch Verwendung weißer Blinkerleuchten etwas zu kaschieren versuchte. Aus wirtschaftlichen Gründen hatte Porsche die Gleichteilequote zwischen Boxster und 911 so erhöht, dass speziell von vorne große Gemeinsamkeiten bestanden. Die markanten, aber wenig schmeichelhaften „Spiegeleierleuchten“ verschärften das Problem zusätzlich. Ungewohnt wirkte zudem die Silhouette des geöffneten Cabrios, das eine sehr lange Seitenlinie hatte. Dafür sah es durch die dünne C-Säule geschlossen äußerst attraktiv aus, wenn auch nicht unbedingt typisch für einen 911.

911 GT3 (996) 1999

Meilenstein: Der 911 GT3 war der erste Serien-911, der schneller als 300 km/h fuhr.

Auf dem Genfer Salon 1999 präsentierte Porsche die erste Sportversion des 996. Zur Überraschung vieler Beobachter wurde der neue Sportwagen mit einem bis dato bei Porsche nicht geläufigen Kürzel ausgestattet: GT3. Damit gehörten die bekannten Label CS und RS der Vergangenheit an und wurden lediglich Zusatz für die Rennversionen des GT3.

Doch das Grundprinzip blieb das Gleiche: Weniger Gewicht und mehr Leistung lautete das Credo des 911 GT3. Tatsächlich war er mit einem 3,6-Liter-Boxermotor ausgestattet. Dieser war allerdings kein Vorgriff auf die zwei Jahre später stattfindende Modellpflege des 911 Carrera, dessen Hubraum ebenfalls auf 3,6 Liter anwuchs, sondern er besaß eine ganz eigenständige Basis. Sehr zur Freude der Fans handelte es sich um eine Ableitung jenes wassergekühlte Triebwerks, das im erfolgreichen 911 GT1 seinen Dienst verrichtet hatte. Für den Betrieb im 996 war es auf immer noch knackige 360 PS heruntergepflegt worden, die den 911 GT3 immerhin 302 km/h schnell machten.

Doch das neue Spitzenmodell wurde nicht nur stärker, sondern leichter: Ohne Dämmmaterial und hintere Sitzbank wurde es um über 30 Kilogramm leichter als der 911 Carrera. Dabei legte es an anderen Stellen zu: Der 911 GT3 verfügte über eine größere Bremsanlage, ein flacheres Sportfahrwerk und vor allem über einen feststehenden Heckflügel. Er besaß zwar nicht die monströsen „Turbo"-Abmessungen, wirkte aber insgesamt sehr dynamisch und markant. Vervollständigt wurde die sportlichere Aerodynamik durch eine neue Frontpartie.

TECHNISCHE DATEN	
Produktion	1999–2002
Stückzahl	1.868
Karosserie	2-sitziges Coupé
L x B x H (mm)	4.430 x 1.765 x 1.270
Radstand (mm)	2.355
Leergewicht (kg)	1.350
Motoranordnung	Heck
Antrieb	Heck
Bauform Motor	Boxer
Zylinder	6
Hubraum (cm³)	3.600
Bohrung x Hub (mm)	100,0 x 76,4
Leistung (PS)	360
Drehmoment (Nm)	370
V_{max} (km/h)	302
0–100 km/h (s)	4,8

2000 911 Turbo (996)

Nur Schub für die Legende: Der 911 Turbo auf Basis des 996 war 420 PS stark.

TECHNISCHE DATEN	
Produktion	2000–2003
Stückzahl	18.977
Karosserie	2+2-sitziges Coupé/Cabrio
L x B x H (mm)	4.435 x 1.830 x 1.295
Radstand (mm)	2.350
Leergewicht (kg)	1.540 (1.655)*
Motoranordnung	Heck
Antrieb	Allrad
Bauform Motor	Boxer
Zylinder	6
Hubraum (cm³)	3.600
Bohrung x Hub (mm)	100,0 x 76,4
Leistung (PS)	420
Drehmoment (Nm)	560
V_{max} (km/h)	305
0–100 km/h (s)	4,2 (4,3)*

* Cabrio

Ein Jahr, nachdem Porsche den 911 GT3 vorgestellt hatte, holten die Schwaben zum nächsten Paukenschlag aus: Auf dem Genfer Salon 2000 debütierte die fünfte Generation des 911 Turbo. Anders als bislang sprang äußerlich aber nicht der große Heckflügel ins Auge (den es natürlich in seiner feststehenden Ausführung mit ausfahrbarem Zusatzelement auch diesmal wieder gab), sondern vor allem die beiden großen Lufteinlässe am Bug unterhalb der Scheinwerfer. Sie machten den neuen 911 Turbo unverkennbar und verliehen ihm wegen der großen schwarzen Öffnungen etwas „Böses". Nicht ganz so prominent fielen die beiden Luftauslassschlitze an den hinteren Seitenflanken aus, die trotzdem kaum weniger markant waren. Von vorne betrachtet überraschte der „Turbo" noch durch ein zweites Merkmal: Die viel kritisierten Scheinwerfer des 996 hatten ein „Unterlid" bekommen, wodurch sie mehr an die früheren Rundleuchten erinnerten.

Als Hammer erwies sich das Triebwerk. Es basierte auf dem Motor des 911 GT3 und war damit ein Abkömmling des 911 GT1. Mithilfe zweier Turbolader entlockten die Techniker dem 3,6-Liter-Motor sensationelle 420 PS. Das Drehmoment schnellte auf bis zu 560 Newtonmeter in die Höhe und die Höchstgeschwindigkeit auf 305 km/h. Wie schon beim Vorgänger wurde der 911 Turbo ausschließlich mit Allradantrieb angeboten. Parallel dazu fielen aber auch Serien- und Wunschausstattung sehr umfangreich aus, sodass auch das Gewicht in die Höhe schoss. Ab 2003 war der 911 Turbo zudem auch erstmals seit 1989 wieder als Cabrio erhältlich.

911 GT2 (996) 2001

Extremsportler: Der 911 GT2 schraubte die Messlatte für Straßensportwagen weiter nach oben.

Die Faszination des neuen 911 Turbo hatte einen entscheidenden Haken: Das Spitzenmodell der 911-Baureihe hatte sich mit dem Typ 996 endgültig zum großen Tourensportwagen gewandelt, für den Allradantrieb und luxuriöse Komfortausstattung gerade gut genug waren. Wer dagegen betont sportlich unterwegs sein wollte, wurde vom 420 PS starken 911 Turbo nicht ganz zufriedengestellt. Daher entschied sich Porsche, wie schon beim 993, eine heckgetriebene „Dynamikvariante" aufzulegen. Konsequenterweise erhielt sie wieder den Namen 911 GT2 – mit dem Unterschied, dass diesmal die Bezeichnung tatsächlich am Heck stand.

Doch noch ein anderer Aspekt war grundlegend anders, wie Fans rasch bemerkten: Der erste 911 GT2 hatte Ambitionen auf den Motorsport, dem zweiten fehlten sie völlig. Turbofahrzeuge im Rennsport hatten es zu Beginn des Jahrtausends schwer, und so entstand der neue 911 GT2 einzig mit dem Ziel, einen ultimativen Supersportwagen für die Straße zu entwickeln – was bestens gelang.

Denn der 2001 auf der Messe in Detroit vorgestellte 911 GT2 war gleich um 10 Prozent stärker als der 911 Turbo: 462 PS und 620 Newtonmeter Drehmoment waren eine neue Dimension. Und mit seiner Höchstgeschwindigkeit von 315 km/h egalisierte er sogar die Marke des legendären 959. Dafür waren allerdings auch 339.000 Euro zu zahlen. 2003 legte Porsche nach und steigerte die Leistung sogar auf 483 PS, wobei das Fahrzeug äußerlich (bis auf neue Räder im „GT3-Design") unangetastet blieb. Allerdings wurde es nochmals leichter.

TECHNISCHE DATEN	
Produktion	2001–2005
Stückzahl	1.288
Karosserie	2-sitziges Coupé
L x B x H (mm)	4.450 x 1.830 x 1.275
Radstand (mm)	2.355
Leergewicht (kg)	1.440 (ab 2003: 1.420)
Motoranordnung	Heck
Antrieb	Heck
Bauform Motor	Boxer
Zylinder	6
Hubraum (cm³)	3.600
Bohrung x Hub (mm)	100,0 x 76,4
Leistung (PS)	462 (ab 2003: 483)
Drehmoment (Nm)	620 (ab 2003: 640)
V_{max} (km/h)	315 (ab 2003: 319)
0–100 km/h (s)	4,1 (ab 2003: 4,0)

2001 911 Carrera 3.6 (996)

Aufgewertet: Die Modellüberarbeitung der Carrera-Modelle beflügelte die Nachfrage.

TECHNISCHE DATEN	
Produktion	2001–2004
Stückzahl	28.149
Karosserie	2+2-sitziges Coupé/Cabrio
L x B x H (mm)	4.430 x 1.770 x 1.305
Radstand (mm)	2.350
Leergewicht (kg)	1.345 (1.425)*
Motoranordnung	Heck
Antrieb	Heck
Bauform Motor	Boxer
Zylinder	6
Hubraum (cm³)	3.596
Bohrung x Hub (mm)	96,0 x 82,8
Leistung (PS)	320
Drehmoment (Nm)	370
V_{max} (km/h)	285
0–100 km/h (s)	5,0 (5,2)*

* Cabrio

Feinschliff im Detail und die Politik der kleinen Schritte sorgten dafür, dass sich 911 und Boxster über die Zeit optisch deutlicher differenzierten. Der wichtigste Schritt erfolgte schließlich im Frühsommer 2001, als Porsche dem 996 eine umfangreiche Modellpflege spendierte. Sie betraf alle Carrera-Modelle und galt Optik, Ausstattung und Technik gleichermaßen.

Äußerlich war die Überarbeitung vor allem an den neu gestalteten Scheinwerfern zu erkennen. Um den Aufwand in der Fertigung überschaubar zu halten, konnte zwar nicht völlig von der bisherigen Geometrie abgewichen, aber diese wenigstens verändert werden.

Fortan war zumindest wieder ansatzweise ein ovaler Scheinwerfer zu erkennen, der durch ein „Unterlid" wie beim 911 Turbo konturiert wurde. Das stellte auch einen klaren Unterschied zum Boxster dar. Auch das Bugteil selbst erhielt eine neue Formgebung, was die Differenzierung weiter erleichterte.

Ein weitere Änderung gegenüber der ersten Serie des 996 betraf die Abgasanlage: Sie war fortan doppelflutig und produzierte einen besseren, voluminöseren Klang. In diesem Punkt spielte aber auch das erstarkte Triebwerk eine gewichtige Rolle. Die Hubraumsteigerung von 3,4 und 3,6 Litern bescherte dem 911 Carrera ein Leistungsplus von 20 PS, sodass er nun 320 PS stark war. Doch auch der Preis wuchs mit: Kostete das Coupé des 996 im Herbst 1997 135.610 DM, waren im Sommer 2001 bereits 74.504 Euro (bzw. 145.717 DM) zu bezahlen – allerdings für ein insgesamt deutlich attraktiveres Gesamtpaket.

911 Carrera 4 3.6 (996)

Kurz nachdem Porsche die Modellüberarbeitung des 911 Carrera Coupés und Cabrios vorgestellt hatte, folgten die allradgetriebenen Versionen. Auch sie erhielten anstelle des 3,4-Liter-Aggregats das neue, 3,6 Liter große Triebwerk. Dass auch dieses mit Wasser gekühlt wurde, war zu diesem Zeitpunkt nicht mehr der Rede wert.

Interessanter war dagegen der Einzug der VarioCam-Plus-Technik, die bereits im 911 Turbo ihr Debüt gegeben hatte. Die voll verstellbaren Nockenwellen sorgten für mehr Leistung und ein spürbar höheres Drehmoment. Zusammen mit der Vergrößerung des Hubs leistete der Boxermotor nun 320 PS. Mit 370 Newtonmetern besaß er zudem deutlich mehr Schub, was den klassischen Spurt auf 100 km/h um immerhin zwei Zehntelsekunden verkürzte. Auch die Top-Geschwindigkeit wuchs. Jetzt war der 996 immerhin 285 km/h schnell.

Obwohl die Performance des 911 Carrera 4 damit in allen Belangen besser war, verbrauchte er weniger Kraftstoff. Viele Kleinigkeiten sorgten auch im Innenraum für eine deutliche Aufwertung. Die Instrumente wurden optimiert, Materialien hochwertiger und das Individualisierungsangebot noch vielfältiger. Unterm Strich erreichte die Baureihe damit jenes Niveau an Stil und Dynamik, das sich die Fans bei Erscheinen des 996 gewünscht hätten. Ein anderer Aspekt der Modellpflege betraf überdies das Cabrioverdeck, das (auch bei der heckgetriebenen Version) fortan über eine Heckscheibe aus Glas verfügte. Dafür zählte das Hardtop nicht mehr zur Serienausstattung.

Warum nicht gleich so? Der überarbeitete 996 stieß von Beginn an auf das Wohlwollen der Fans.

TECHNISCHE DATEN	
Produktion	2001–2004
Stückzahl	10.386
Karosserie	2+2-sitziges Coupé/Cabrio
L x B x H (mm)	4.430 x 1.770 x 1.305
Radstand (mm)	2.350
Leergewicht (kg)	1.405 (1.485)*
Motoranordnung	Heck
Antrieb	Allrad
Bauform Motor	Boxer
Zylinder	6
Hubraum (cm^3)	3.596
Bohrung x Hub (mm)	96,0 x 82,8
Leistung (PS)	320
Drehmoment (Nm)	370
V_{max} (km/h)	285
0–100 km/h (s)	5,0 (5,2)*

* Cabrio

2001 911 Targa (996)

Praktisch: Beim 911 Targa (996) ließ sich die Heckklappe öffnen, um das Beladen zu erleichtern.

TECHNISCHE DATEN	
Produktion	2001–2004
Stückzahl	6.020
Karosserie	2+2-sitziges Coupé
L x B x H (mm)	4.430 x 1.770 x 1.305
Radstand (mm)	2.350
Leergewicht (kg)	1.415
Motoranordnung	Heck
Antrieb	Heck
Bauform Motor	Boxer
Zylinder	6
Hubraum (cm^3)	3.596
Bohrung x Hub (mm)	96,0 x 82,8
Leistung (PS)	320
Drehmoment (Nm)	370
V_{max} (km/h)	285
0–100 km/h (s)	5,2

Nach der Vorstellung der Baureihe 996 blieb die Position eines neuen 911 Targa zunächst vakant, da auch die Fertigung des Vorgängermodells umgehend gestoppt worden war. So entstand von der ersten, 300 PS starken Generation des 996 überhaupt kein 911 Targa. Erst nach der Modellüberarbeitung und der Vorstellung der 320 PS leistenden zweiten Generation präsentierte Porsche auf der IAA 2001 das neue, „halb offene" Modell.

Wie schon der 911 Targa auf Basis des 993 griff auch der Neue das Konzept des elektrisch nach hinten fahrenden Glasdachs auf. Im Detail war das Prinzip aber gründlich weiterentwickelt worden und bot mit einer 0,45 Quadratmeter großen Öffnung mehr Open-Air-Feeling. Geschlossen betrug die Gesamtfläche des Glasdachs nun 1,50 Quadratmeter, was zu einem lichtdurchfluteten Innenraum führte. Als neue Raffinesse kam hinzu, dass im geschlossenen Zustand des Dachs die Heckscheibe aufgeklappt werden konnte. Damit ließ sich der 911 Targa einfacher beladen, und der vorhandene Stauraum von 230 Litern wurde besser nutzbar. Zum markanten Erkennungsmerkmal des 911 Targa wurden in der Seitenansicht der schmale Dachbogen und die spitz auslaufende C-Säule.

In seiner Technik entsprach der 911 Targa dem 911 Carrera. Seine Dachtechnik machte ihn allerdings um 70 Kilogramm schwerer, was sich marginal in den Fahrleistungen niederschlug. Wie schon der Vorgänger war der neue 911 Targa außerdem nur mit Heckantrieb erhältlich – zum letzten Mal, wie sich bei Erscheinen seines Nachfolgers herausstellte.

911 Carrera 4S (996)

2001

Das Konzept „4S“, das im 911 der Generation 993 seine Premiere gefeiert hatte, war in kürzester Zeit so erfolgreich geworden, dass es auch beim 996 fortgeführt wurde: die Kombination aus „Turbo-Look“ und Carrera-Technik kam bei vielen Kunden an – selbst wenn unter den Gesichtspunkten der Fahrdynamik die Kombination wegen des höheren Luftwiderstands eher nachteilig war.

Dem neuen 911 Carrera 4S diente – die „4“ kündigte es an – die allradgetriebene Carrera-Version als Ausgangsbasis. Eine heckgetriebene Variante, wie sie beim 993 alternativ angeboten wurde, entfiel völlig. Die Optik stammte vom 911 Turbo, was ganz besonders an den großen Lufteinlässen am Bug zu erkennen war. Auch die hinteren Kühlgitter und die deutlich sichtbare Kotflügelverbreiterung wurden übernommen. Einzig die seitlichen Lufteinlässe für die Turbolader und natürlich der große Heckflügel kamen beim 911 Carrera 4S nicht zum Einsatz. Zudem steuerte der 911 Turbo seine Bremsanlage bei, während die übrige Technik – insbesondere der 320 PS starke Boxermotor – vom 911 Carrera 4 stammte. Im Vergleich zu diesem fiel allerdings die Serienausstattung des 911 Carrera 4S umfangreicher aus.

Zum markanten Erkennungszeichen wurde zudem das durchlaufende Leuchtenband am Heck, das bis zum 993 so typisch für den 911 gewesen war: Es blieb beim 996 jedoch ausschließlich dem 911 Carrera 4S vorbehalten, den Porsche ab Sommer 2003 auch als Cabrio anbot – mit allen genannten Merkmalen des „Turbo“-Looks.

Erinnerung an früher: Der 911 Carrera 4S bekam die breite Karosse und das klassische Leuchtenband.

TECHNISCHE DATEN	
Produktion	2001–2004
Stückzahl	23.040
Karosserie	2+2-sitziges Coupé/Cabrio
L x B x H (mm)	4.435 x 1.830 x 1.295
Radstand (mm)	2.350
Leergewicht (kg)	1.470 (1.565)*
Motoranordnung	Heck
Antrieb	Allrad
Bauform Motor	Boxer
Zylinder	6
Hubraum (cm^3)	3.596
Bohrung x Hub (mm)	96,0 x 82,8
Leistung (PS)	320
Drehmoment (Nm)	370
V_{max} (km/h)	280
0–100 km/h (s)	5,1 (5,3)*

* Cabrio

2003 911 GT3 (996)

Begehrt: Der 911 GT3 wurde zum Inbegriff für rennsportlich ambitionierte Porsche-Fahrer.

TECHNISCHE DATEN	
Produktion	2003–2004
Stückzahl	3.032
Karosserie	2-sitziges Coupé
L x B x H (mm)	4.435 x 1.770 x 1.275
Radstand (mm)	2.355
Leergewicht (kg)	1.380
Motoranordnung	Heck
Antrieb	Heck
Bauform Motor	Boxer
Zylinder	6
Hubraum (cm³)	3.600
Bohrung x Hub (mm)	100,0 x 76,4
Leistung (PS)	381
Drehmoment (Nm)	385
V_{max} (km/h)	306
0–100 km/h (s)	4,5

Auf dem Genfer Autosalon 2003 debütierte der weiterentwickelte 911 GT3. Das Kürzel GT3 hatte sich innerhalb kürzester Zeit zum Indiz für sportliche Fahrleistungen gemausert. Umso wichtiger war es für die Produktstrategen, dass nach der Überarbeitung der 911-Baureihe im Sommer 2001 nun auch das letzte Fahrzeug die neue Scheinwerferoptik mit „Unterlid" bekam.

Wichtiger für Sportfahrer war allerdings – bezogen auf Äußerlichkeiten – die optimierte Aerodynamik. Sie zeigte sich in einer modifizierten Frontpartie, neuen Seitenschwellern und vor allem in einem verstellbaren und weiterhin frei stehenden Heckflügel – was für den Straßenverkehr zwar unerheblich war, aber den rennsportlichen Charakter des Fahrzeugs unterstrich. Noch deutlicher trat dieser durch die Motorleistung zutage: Sie kletterte bei der zweiten Generation des „GT3" von 360 auf 381 PS – also stolze 61 PS mehr, als der 911 Carrera vorweisen konnte. Gleichzeitig wuchs das maximale Drehmoment um 15 auf 385 Newtonmeter, während die Höchstdrehzahl mit 8.200 Touren erstmals die 8.000er-Marke durchbrach.

Der 102.112 Euro teure 911 GT3 unterstrich (wie schon die erste Generation) die außergewöhnlichen Fähigkeiten, als der „GT3" der erste Saugmotor-Porsche war, der die 300-km/h-Grenze übersprang – in diesem Fall mit 306 km/h. Ein halbes Jahr später brachte Porsche zudem den 911 GT3 RS auf den Markt. Er kostete 120.788 Euro, war technisch nur marginal überarbeitet, aber noch deutlicher gewichtsreduziert und Homologationsmodell für den Rennsport.

911 Carrera „40 Jahre 911" (996) 2003

In die Bauzeit des Typs 996 fiel der 40. Geburtstag der 911-Baureihe. Nachdem bereits zum 30. Jubiläum ein Sondermodell aufgelegt worden war, nutzte Porsche den Anlass für ein weiteres Sondermodell. Im Unterschied zum Geburtstagsmodell zehn Jahre vorher war dieses Fahrzeug aber deutlich stärker modifiziert und wich auch technisch vom Basis-Carrera ab. Jedoch war auch diesmal die Sonderserie limitiert, und zwar auf exakt 1.963 Exemplare: 1963 war das Geburtsjahr des 911.

Das Exklusivmodell basierte auf dem 911 Carrera und besaß somit klassischen Heckantrieb. Allerdings war die Optik vom 911 Turbo inspiriert, unterschied sich aber trotzdem vom 911 Carrera 4S und dessen „Turbo"-Interpretation. So fehlten die hinteren Luftauslässe, während die großen Seitenschweller vom 911 GT3 stammten und die riesigen Lufteinlässe am Bug dezent in die Gesamtoptik eingebettet waren. Selbstverständlich fehlte auch in diesem Fall der große feststehende Heckflügel des 911 Turbo.

Serienmäßig verfügte der 911 Carrera „40 Jahre 911" über die Werksleistungssteigerung. Sie machte das Fahrzeug 345 PS stark, während das Drehmoment unverändert blieb. Entsprechend kletterte die Höchstgeschwindigkeit auf 290 km/h. Zur Serienausstattung des nur als Coupé lieferbaren Fahrzeugs gehörten unter anderem Sportfahrwerk mit Tieferlegung, Hinterachs-Quersperre, 18-Zoll-Räder, Xenon-Scheinwerfer, das Typenschild „911" sowie die Sonderfarbe des Carrera GT. Dafür berechnete Porsche einen Preis von 95.616 Euro.

Alles Gute: Zum 40. Geburtstag gab es mehr Leistung und eine überarbeitete Optik.

TECHNISCHE DATEN	
Produktion	2003
Stückzahl	1.963
Karosserie	2+2-sitziges Coupé
L x B x H (mm)	4.430 x 1.770 x 1.295
Radstand (mm)	2.350
Leergewicht (kg)	1.370
Motoranordnung	Heck
Antrieb	Heck
Bauform Motor	Boxer
Zylinder	6
Hubraum (cm³)	3.596
Bohrung x Hub (mm)	96,0 x 82,8
Leistung (PS)	345
Drehmoment (Nm)	370
V_{max} (km/h)	290
0–100 km/h (s)	4,9

2004 911 Turbo S (996)

Nachschlag zum Schluss: Gegen Ende der 996-Ära sorgte der 911 Turbo S nochmals für Furore.

TECHNISCHE DATEN	
Produktion	2004–2005
Stückzahl	1.563
Karosserie	2+2-sitziges Coupé/Cabrio
L x B x H (mm)	4.435 x 1.830 x 1.295
Radstand (mm)	2.350
Leergewicht (kg)	1.590 (1.660)*
Motoranordnung	Heck
Antrieb	Allrad
Bauform Motor	Boxer
Zylinder	6
Hubraum (cm³)	3.600
Bohrung x Hub (mm)	100,0 x 76,4
Leistung (PS)	450
Drehmoment (Nm)	620
V_{max} (km/h)	307
0–100 km/h (s)	4,2 (4,3)*

* Cabrio

Nachdem im Vorjahr der turbogetriebene 911 GT2 stärker geworden war, diskutierte Porsche die Thematik für den 911 Turbo. Doch weil sein Leistungsniveau gut mit dem des 911 Carrera harmonierte, führte Porsche im Sommer 2004 den 911 Turbo S ein. Dieser war sowohl als Coupé als auch als Cabrio erhältlich. Bereits ein Jahr später wurde ihre Produktion aber wieder eingestellt, weil bereits der Nachfolger auf Basis des 997 in Vorbereitung war.

Der 911 Turbo hatte 450 PS und ein maximales Drehmoment von 620 Newtonmetern – blieb also ein Stück hinter dem 911 GT2. Die bessere Performance beruhte auf Änderungen an Turboladern, Ladeluftkühler, Steuergerät und Abgasanlage. Gleichzeitig sorgte eine deutlich erweiterte Serienausstattung dafür, dass der 911 Turbo S die Rolle des luxuriösen Super-GT noch besser ausfüllte. Selbst die Keramikbremsen PCCB waren ohne Aufpreis an Bord. Beim Fahren machte sich die Mehrleistung vor allem beim besseren Durchzug bemerkbar. Die Höchstgeschwindigkeit kletterte nur um 2 km/h auf 307 km/h, der Spurt auf 100 km/h blieb sogar unverändert.

Der Aufwand, den 911 Turbo S anzubieten, war für Porsche denkbar gering: Bereits seit dem Jahr 2002 hatten die Schwaben einen Leistungs-Kit für den „normalen" 911 Turbo angeboten. Er erreichte exakt die Leistungswerte des späteren 911 Turbo S. Und selbst nachdem der „S" offiziell ins Programm aufgenommen wurde, blieb Käufern des 911 Turbo die Option, ihr Fahrzeug 450 PS stark zu ordern.

Cayenne S 2002

Nachdem sich Porsche aus der Krise der 1990er-Jahre erholt hatte, begannen die Produktstrategen nach neuen Möglichkeiten der Programmerweiterung zu suchen. Neben dem Boxster als Einstiegsmodell und dem Sportwagenklassiker 911 präsentierte das Unternehmen schließlich eine dritte Baureihe: den Cayenne, einen Geländewagen bzw. ein SUV (Sport Utility Vehicle). Für ihn entstand eigens ein neues Werk in Leipzig, das fortan zum zweiten Standbein für Porsche wurde. Zur Kosteneinsparung wurde der Cayenne im Verbund mit VW Touareg und Audi Q7 entwickelt.

Der Cayenne S war 2002 das Einstiegsmodell in die Baureihe, wobei das „S" bereits „Raum nach unten" andeutete. Als Antriebsquelle diente ein völlig neuer, von Porsche entwickelter V8-Motor mit 4,5 Liter Hubraum. Im Cayenne S leistete er 340 PS und bot seinem Fahrer ein maximales Drehmoment von 420 Newtonmetern. Bei dem Porsche-untypischen hohen Leergewicht von 2,2 Tonnen sorgte das für eine Höchstgeschwindigkeit von gerade einmal 242 km/h – viel für ein SUV, wenig für einen Porsche.

Serienmäßig verfügte der Cayenne S über permanenten Allradantrieb, was ihm allerdings keine „4" in die Typenbezeichnung einbrachte. Das System war eigens für die Baureihe entwickelt und sorgte mit zusätzlichen Sperren für maximale Traktion – zusammen mit PTM und PSM. Serienmäßig war der Cayenne S mit einem 6-Ganggetriebe ausgestattet, das die meisten Kunden gegen die Tiptronic tauschten. Gerade auch dadurch wurde der Cayenne S zum beliebten Langstreckenfahrzeug.

Eine neue Ära: 2002 stellte Porsche Baureihe Nummer drei vor, den geländegängigen Cayenne.

TECHNISCHE DATEN	
Produktion	2002–2007
Stückzahl	76.123
Karosserie	5-sitziger Geländewagen
L x B x H (mm)	4.782 x 1.928 x 1.699
Radstand (mm)	2.855
Leergewicht (kg)	2.225
Motoranordnung	Front
Antrieb	Allrad
Bauform Motor	V-Form
Zylinder	8
Hubraum (cm³)	4.511
Bohrung x Hub (mm)	93,0 x 83,0
Leistung (PS)	340
Drehmoment (Nm)	420
V_{max} (km/h)	242
0–100 km/h (s)	6,8

2002 Cayenne Turbo

Teuer, aber mit Mehrwert: Ein Teil des hohen Mehrpreises lag beim „Turbo" an der Ausstattung.

TECHNISCHE DATEN	
Produktion	2002–2007
Stückzahl	25.986
Karosserie	5-sitziger Geländewagen
L x B x H (mm)	4.786 x 1.928 x 1.699
Radstand (mm)	2.855
Leergewicht (kg)	2.355
Motoranordnung	Front
Antrieb	Allrad
Bauform Motor	V-Form
Zylinder	8
Hubraum (cm³)	4.511
Bohrung x Hub (mm)	93,0 x 83,0
Leistung (PS)	450
Drehmoment (Nm)	620
V_{max} (km/h)	266
0–100 km/h (s)	5,6

Zeitgleich mit dem Cayenne S stellte Porsche im Herbst 2002 auch den Cayenne Turbo vor. Er besaß im Prinzip das gleiche Triebwerk wie der Cayenne S, das aber mit zwei Turboladern versehen war. Damit leistete das 4,5-Liter-V8-Aggregat stolze 450 PS und erreichte ein maximales Drehmoment von 620 Newtonmetern. Obwohl der Cayenne Turbo mit 2,35 Tonnen nochmals schwerer als der Cayenne S war, reichte seine Kraft aus, um zum schnellsten Geländewagen seiner Zeit zu werden: Er erreichte eine Höchstgeschwindigkeit von 266 km/h und sprintete in nur 5,6 Sekunden auf Tempo 100.

Auch optisch unterschied sich der Cayenne Turbo vom Cayenne S. Besonders auffällig war die Frontpartie, die zusätzliche und vergrößerte Lufteinlässe besaß. Markant waren außerdem die roten Bremssättel, die auf die verstärkte Bremsanlage hindeuteten. Ungleich reichhaltiger als beim Cayenne S fiel zudem die Serienausstattung aus, speziell was Komfort- und Designelemente betraf. So war zum Beispiel das Automatikgetriebe serienmäßig, aber auch die Luftfederung, die den Fahrkomfort deutlich verbesserte und die beim Cayenne S extra zu bezahlen war. War der Cayenne Turbo mit 99.876 Euro eingepreist, so verringerte sich sein faktischer Mehrpreis von rund 40.000 Euro gegenüber dem Cayenne S ausstattungsbereinigt um mindestens 10.000 Euro.

Auffällig war bei allen Cayenne-Modellen ihre hohe Stützlast von 3.500 Kilogramm, die sie zu exzellenten Zugfahrzeugen machte – zum Beispiel für Pferde- und Bootsanhänger oder den Transport reinrassiger Rennwagen.

Cayenne 2003

Der Zusatz „S“ des Cayenne hatte es schon angekündigt, und im November 2003 wurde es zur Gewissheit: Porsche schob ein Basismodell nach, das die Bezeichnung „Cayenne“ hatte. Anders als seine großen Brüder wurde es nicht von einem V8-Motor angetrieben, sondern von einem V6-Triebwerk. Kühle Rechner hatten in Zuffenhausen allerdings ermittelt, dass sich ein eigens entwickeltes V6-Triebwerk kaum rechnen würde, zumal es sich aufgrund der vorhandenen Boxermotoren nicht in den Sportwagen nutzen ließe.

Deshalb wurde kurzerhand ein Aggregat aus dem VW-Konzern zugekauft. Das 3,2 Liter große Triebwerk erhielt aber einen eigenen Porsche-Zylinderkopf und wurde bei Porsche auch in weiteren Belangen gründlich weiterentwickelt. So wurde die Leistung auf 250 PS angehoben, womit sich der Cayenne zwar schon im oberen Wettbewerbsumfeld bewegte, aber wenig von der markentypischen Sportlichkeit übrig blieb. So erreichte der Cayenne eine Höchstgeschwindigkeit von 214 km/h und absolvierte den 100er-Spurt in 9,1 Sekunden. Wer das serienmäßige 6-Ganggetriebe gegen die Tiptronic tauschte (was viele taten), benötigte sogar 9,7 Sekunden.

Trotzdem erfüllte auch der Cayenne, der bis auf kleine Details äußerlich nicht vom Cayenne S zu unterscheiden war, seine Aufgabe prächtig: Mit der gesamten Baureihe gelang es Porsche, Kunden zu gewinnen, die zumeist aus Gründen des Raumangebots und des Nutzwerts auf die Zuffenhausener Sportwagen verzichten mussten. Oft wurde der Cayenne aber auch zum Familienfahrzeug von 911-Besitzern.

Einstieg mit VW-Hilfe: Der V6-Motor stammte aus Wolfsburg, bekam aber Porsche-Tuning.

TECHNISCHE DATEN	
Produktion	2003–2007
Stückzahl	45.131
Karosserie	5-sitziger Geländewagen
L x B x H (mm)	4.782 x 1.928 x 1.699
Radstand (mm)	2.855
Leergewicht (kg)	2.160
Motoranordnung	Front
Antrieb	Allrad
Bauform Motor	V-Form
Zylinder	6
Hubraum (cm³)	3.189
Bohrung x Hub (mm)	84,0 x 95,9
Leistung (PS)	250
Drehmoment (Nm)	310
V_{max} (km/h)	214
0–100 km/h (s)	9,1

2006 Cayenne Turbo S

Talent fürs Gelände: Auch wenn kaum ein Kunde offroad unterwegs war, im Cayenne konnte er es!

TECHNISCHE DATEN	
Produktion	2006–2007
Stückzahl	3.261
Karosserie	5-sitziger Geländewagen
L x B x H (mm)	4.786 x 1.928 x 1.699
Radstand (mm)	2.855
Leergewicht (kg)	2.355
Motoranordnung	Front
Antrieb	Allrad
Bauform Motor	V-Form
Zylinder	8
Hubraum (cm³)	4.511
Bohrung x Hub (mm)	93,0 x 83,0
Leistung (PS)	521
Drehmoment (Nm)	720
V_{max} (km/h)	270
0–100 km/h (s)	5,2

Ganz der Logik der eigenen Nomenklatur folgend, stellte Porsche zu Jahresbeginn 2006 den Cayenne Turbo S vor. Er wurde zum Spitzenmodell der Cayenne-Baureihe und nach dem Carrera GT und dem 911 GT1 überhaupt erst zum dritten Porsche-Serienfahrzeug, das mehr als 500 PS besaß. Ausgangsbasis für den „S" war natürlich der Cayenne Turbo mit seinem 4,5-Liter-Triebwerk. Modifizierte Ladeluftkühler sorgten für eine bessere Befüllung der Brennräume und ermöglichten, den Ladedruck der Turbos auf bis zu 1,9 bar zu erhöhen. Damit stieg die Leistung von 450 auf 521 PS, während das Drehmoment von 620 auf 720 Newtonmeter wuchs. Der Durchzug des Cayenne Turbo S war entsprechend gigantisch, auch wenn sich die Zahlenwerte nur mäßig verbesserten: Die Höchstgeschwindigkeit stieg um 4 km/h auf 270 km/h, der Sprint verkürzte sich immerhin um 0,4 auf 5,2 Sekunden.

Die Ausstattung des Cayenne Turbo S ließ kaum noch Wünsche offen und war gegenüber dem Cayenne Turbo nochmals erweitert worden. Das entsprach durchaus den Erwartungen der Kundschaft, die – beim Cayenne Turbo S mehr noch als bei den anderen Cayenne-Modellen – aus den USA und dem Mittleren Osten stammte. Äußerlich hielt sich der „S" zurück und entsprach weitgehend dem Cayenne Turbo, abgesehen von den 20-Zoll-Rädern und dem geänderten Auspuff.

Bereits vor Einführung des Cayenne Turbo S hatten Käufer des „Turbo" die Möglichkeit, werkseitig ihr Fahrzeug stärker zu machen. In diesem Fall wurde der Cayenne Turbo glatte 500 PS stark.

Cayenne 3.6 2007

Nach rund vier Jahren Bauzeit war Anfang 2007 der Zeitpunkt für eine Verjüngungskur der Cayenne-Baureihe gekommen. Bei dieser Gelegenheit bekam der Basis-Cayenne ein kräftig überarbeitetes Triebwerk spendiert. Weiterhin war es zwar „nur" ein V6-Motor, doch dessen Hubraum kletterte von 3,2 auf 3,6 Liter. Mindestens genauso wichtig war die damit einhergehende Umstellung auf Benzindirekteinspritzung. Cayenne-Fahrer konnten sich ab sofort über 290 statt wie bisher über 240 PS freuen. Auch das Drehmoment zog von 310 auf 385 Newtonmeter spürbar an.

Das Resultat waren deutlich verbesserte Fahrleistungen: Der „kleine" Cayenne war nun immerhin 227 km/h schnell und sprintete in 8,1 Sekunden auf 100 km/h. Politisch wichtiger war, dass der Verbrauch trotz der Mehrleistungen sank. In Kombination mit dem serienmäßigen Schaltgetriebe betrug er im Mittel nur noch 12,9 Liter.

Mit einher gingen auch eine Aktualisierung der Ausstattung und eine Aufwertung des Innenraums. Aufgrund des Erfolgs der Baureihe – von der bis zu diesem Zeitpunkt 150.000 statt der geplanten 100.000 Exemplare gefertigt worden waren – verschwanden auch einige sichtbare VW-Komponenten. Äußerlich fielen die Modifikationen zwar eher bescheiden aus, doch zumindest von vorne waren sie deutlich sichtbar: Die überarbeiteten Kühlergitter und vor allem die senkrecht stehenden, erstmals eingeführten Tagfahrleuchten ließen den Cayenne weniger plump erscheinen. Auch die Rückleuchten erhielten eine neue Formgebung.

Erstarkte Basis: Nach der Modellüberarbeitung leistete der Cayenne immerhin 290 PS.

TECHNISCHE DATEN	
Produktion	2007–2010
Stückzahl	k.A.
Karosserie	5-sitziger Geländewagen
L x B x H (mm)	4.798 x 1.923 x 1.699
Radstand (mm)	2.855
Leergewicht (kg)	2.160
Motoranordnung	Front
Antrieb	Allrad
Bauform Motor	V-Form
Zylinder	6
Hubraum (cm^3)	3.598
Bohrung x Hub (mm)	89,0 x 96,4
Leistung (PS)	290
Drehmoment (Nm)	385
V_{max} (km/h)	227
0–100 km/h (s)	8,1

2007 Cayenne S 4.8

Gutes Rezept: Mehr Leistung bei weniger Verbrauch hieß das Credo der Modellpflegemaßnahmen.

TECHNISCHE DATEN	
Produktion	2007–2010
Stückzahl	k.A.
Karosserie	5-sitziger Geländewagen
L x B x H (mm)	4.798 x 1.928 x 1.699
Radstand (mm)	2.855
Leergewicht (kg)	2.225
Motoranordnung	Front
Antrieb	Allrad
Bauform Motor	V-Form
Zylinder	8
Hubraum (cm³)	4.806
Bohrung x Hub (mm)	96,0 x 83,0
Leistung (PS)	385
Drehmoment (Nm)	500
V_{max} (km/h)	252
0–100 km/h (s)	6,6

Zu Jahresbeginn 2007 erhielt auch der äußerst erfolgreiche Cayenne S eine gründliche Überarbeitung. Sie war äußerlich vor allem an der Frontpartie zu erkennen: Links und rechts flankierten den breiten Kühlergrill nun schmale Tagfahrleuchten. Zusammen mit den insgesamt neu gestalteten Lufteinlässen führten sie zu einem deutlich gefälligeren Erscheinungsbild des Cayenne S. Optisch war er aber auch weiterhin kaum vom Basis-Cayenne zu unterscheiden.

Gravierender fielen indes die Änderungen unter der Haube auf. Bei Porsche hielt erstmals die Direct Fuel Injection (DFI) Einzug. Damit wurden deutlich effizientere Verbrennungsprozesse ermöglicht, was sich in höherer Leistung, geringerem Verbrauch und weniger Abgasen zeigte. Tatsächlich sank der Kraftstoffkonsum des Cayenne S im Mittel um 1,2 Liter gegenüber dem Vorgänger, während gleichzeitig die Leistung kräftig anstieg. Zu diesem Punkt trug aber auch bei, dass Porsche die Bohrung vergrößert hatte und der Hubraum von 4,5 auf 4,8 Liter gewachsen war.

Beides zusammen bewirkte, dass die Leistung des neuen Cayenne S um 45 auf 385 PS wuchs. Zugleich legte aber auch das Drehmoment signifikant von 420 auf 500 Newtonmeter zu. Das reichte, um in Kombination mit dem serienmäßigen 6-Ganggetriebe den Sprint auf Tempo 100 zwei Zehntelsekunden schneller zu machen und die Höchstgeschwindigkeit auf 252 km/h klettern zu lassen. Ungewöhnlich: Obwohl der neue Cayenne S mehr Ausstattung und Technik bot, änderte sich sein Gesamtgewicht gegenüber dem Vorgängermodell nicht.

Cayenne Turbo 4.8 2007

Zeitgleich mit dem Cayenne und dem Cayenne S erhielt auch der Cayenne Turbo sein Facelift. Wie auch bei den anderen beiden Modellen betraf es äußerlich die Form der Rückleuchten, vor allem aber die Neugestaltung der Frontpartie. Hatte sich schon bislang der Cayenne Turbo von den beiden leistungsschwächeren Brüdern optisch unterschieden, wurde dies im Rahmen der Modellüberarbeitung noch deutlicher. Zu den Änderungen am Design gehörten die größeren und durch zwei zusätzliche Längsstreben strukturierten Lufteinlässe sowie die neuen Tagfahrleuchten. Sie waren im Unterschied zu den beiden Saugmotorversionen liegend angeordnet, was die Front des Cayenne Turbo noch imposanter machte.

Auch technisch gab es einen kräftigen Nachschlag, der sich dank entsprechender Modifikationen nicht beim Fahrzeuggewicht bemerkbar machte. Das Aktivfahrwerk PASM war neu und gehörte zum Serienumfang (inkl. Luftfederung), während die innovative Wankstabilisierung als Option angeboten wurde.

Der Cayenne Turbo wurde sparsamer, obwohl seine Leistung kräftig wuchs. Auch er nutzte nun das 4,8 Liter große V8-Triebwerk und die effiziente Benzindirekteinspritzung. Das sorgte für glatte 500 PS – also für exakt jenen Wert, den „Turbo"-Fahrer bislang nur mittels Werksleistungssteigerung erreichen konnten. Das Drehmoment kletterte indes noch stärker auf den sensationellen Wert von 700 Newtonmeter. Beim Fahren richtig eingesetzt, führte das zu einer Höchstgeschwindigkeit von 275 km/h und einer Spurtdauer von 5,1 Sekunden.

Aufgewertete Optik: Der Cayenne Turbo hatte weiterhin eine eigene Frontpartie mit größeren Kühlern.

TECHNISCHE DATEN	
Produktion	2007–2010
Stückzahl	k.A.
Karosserie	5-sitziger Geländewagen
L x B x H (mm)	4.795 x 1.928 x 1.694
Radstand (mm)	2.855
Leergewicht (kg)	2.355
Motoranordnung	Front
Antrieb	Allrad
Bauform Motor	V-Form
Zylinder	8
Hubraum (cm³)	4.806
Bohrung x Hub (mm)	96,0 x 83,0
Leistung (PS)	500
Drehmoment (Nm)	700
V_{max} (km/h)	275
0–100 km/h (s)	5,1

2007 Cayenne GTS

Zwitter: tiefer und breiter als normal, stärker als ein „S", kein Turbolader, aber „Turbo"-Optik

TECHNISCHE DATEN	
Produktion	2007–2010
Stückzahl	k.A.
Karosserie	5-sitziger Geländewagen
L x B x H (mm)	4.795 x 1.957 x 1.675
Radstand (mm)	2.855
Leergewicht (kg)	2.225
Motoranordnung	Front
Antrieb	Allrad
Bauform Motor	V-Form
Zylinder	8
Hubraum (cm³)	4.806
Bohrung x Hub (mm)	96,0 x 83,0
Leistung (PS)	405
Drehmoment (Nm)	500
V_{max} (km/h)	253
0–100 km/h (s)	6,1

Ein gutes halbes Jahr nach der Renovierung der Cayenne-Baureihe stellte Porsche einen weiteren Ableger vor: Der Cayenne GTS debütierte auf der IAA 2007. Etwas flapsig formuliert war er eine tiefergelegte Version des Geländewagens. Tatsächlich aber war er eine besonders fahraktive Version des SUV und damit ideal für alle, die bislang trotz hoher Motorleistung die Agilität in der Cayenne-Flotte vermisst hatten.

Trotz des sportlichen Anspruchs nutzte der Cayenne GTS nicht das Turbotriebwerk, sondern basierte auf dem Cayenne S. Im Gegensatz zu diesem war allerdings der V8-Saugmotor um 20 PS stärker geworden, sodass er im Cayenne GTS 405 PS erreichte. Dazu erfuhr das Motormanagement eine Überarbeitung, während gleichzeitig auch die Luftzufuhr optimiert wurde. Das Drehmoment blieb mit 500 Newtonmeter jedoch unverändert. Wie schon der „S" wurde auch der „GTS" serienmäßig mit manuellem Schaltgetriebe ausgeliefert, war aber auch nicht gegen Aufpreis mit Tiptronic erhältlich. Dafür war die Hinterachse kürzer übersetzt.

Die Modifikationen des Cayenne GTS machten sich beim Fahren deutlich bemerkbar: Er spurtete 0,5 Sekunden schneller auf Tempo 100 (6,1 Sekunden total), auch wenn die Höchstgeschwindigkeit praktisch unverändert blieb. Ohnehin steckte der fahrdynamische Gewinn im Fahrwerk, das serienmäßig um 24 Millimeter tiefergelegt war, über die aktive PASM-Regelung verfügte und auf 21-Zoll-Rädern rollte. Optisch fiel der Cayenne GTS durch seine „Turbo"-Front und die Kotflügelverbreiterungen auf.

Cayenne Turbo S 4.8 2008

Der ersten Generation des Cayenne Turbo S war 2006 nur eine kurze Bauzeit beschieden, schließlich wartete bereits die Wachablösung. Weil die Powerversion aber gut ankam, war naheliegend, erneut einen „S" aufzulegen. Der Neue erschien im Frühjahr 2008 und nutzte natürlich, wie die gesamte Baureihe, die überarbeitete Motorengeneration. Entsprechend besaß auch der Cayenne Turbo S den 4,8 Liter großen V8-Motor mit Benzindirekteinspritzung.

Ein modifizierter Ansaugtrakt, ein Elektronik-Update und geänderte Ladeluftkühler sorgten allerdings für eine höhere Leistungsausbeute: Mit genau 550 PS setzte sich der neue „S" um 50 PS vom Cayenne Turbo ab und war dabei auch um 29 PS stärker als sein direkter Vorgänger. Ebenso kletterte auch das maximale Drehmoment deutlich, das mit 750 Newtonmetern „Turbo" und den Vorgänger um 50 beziehungsweise 20 Newtonmeter überbot. Abermals kamen natürlich auch größere Bremsen und eine deutlich erweiterte Serienausstattung zum Tragen.

Während optisch der Auftritt eher unauffällig war, erreichte der Cayenne Turbo S mit einer Höchstgeschwindigkeit von 280 km/h und einem Sprintvermögen von 4,8 Sekunden bis Tempo 100 echte Sportwagenqualitäten. Allerdings setzte sich der „S" auch beim Preis mit 133.971 Euro an die Spitze. Eine Alternative dazu war es, den 112.670 Euro teuren „Turbo" mitsamt Werksleistungssteigerung für ganze 14.672 Euro zu ordern. Diese brachte es immerhin auch auf eine Leistung von 540 PS – allerdings fehlte dann noch einiges zur Ausstattung des Cayenne Turbo S.

Der Gipfel: 550 PS waren das Leistungsniveau eines echten Supersportwagens.

TECHNISCHE DATEN	
Produktion	2008–2010
Stückzahl	k.A.
Karosserie	5-sitziger Geländewagen
L x B x H (mm)	4.795 x 1.928 x 1.694
Radstand (mm)	2.855
Leergewicht (kg)	2.355
Motoranordnung	Front
Antrieb	Allrad
Bauform Motor	V-Form
Zylinder	8
Hubraum (cm^3)	4.806
Bohrung x Hub (mm)	96,0 x 83,0
Leistung (PS)	550
Drehmoment (Nm)	750
V_{max} (km/h)	280
0–100 km/h (s)	4,8

2008 Cayenne S „Transsyberia“

Im Look „echter“ Geländewagen: Das Sondermodell würdigte den Erfolg bei der Transsyberia-Rallye.

TECHNISCHE DATEN	
Produktion	2008–2009
Stückzahl	k.A.
Karosserie	5-sitziger Geländewagen
L x B x H (mm)	4.798 x 1.928 x 1.696
Radstand (mm)	2.855
Leergewicht (kg)	2.225
Motoranordnung	Front
Antrieb	Allrad
Bauform Motor	V-Form
Zylinder	8
Hubraum (cm³)	4.806
Bohrung x Hub (mm)	96,0 x 83,0
Leistung (PS)	405
Drehmoment (Nm)	500
V_{max} (km/h)	253
0–100 km/h (s)	6,1

Um der Cayenne-Produktion neue Impulse zu verleihen, legte Porsche ein Sondermodell auf – das zweite, nachdem ein Jahr zuvor bereits die Design Edition 3 auf Basis des Cayenne GTS erschienen war. Doch anders als das rein designorientierte Sondermodell hatte der Cayenne S „Transsyberia“ auch technische Modifikationen zu bieten. Der Zusatz Transsyberia würdigte dabei die Erfolge, die Porsche in den Vorjahren bei der Transsyberia-Rallye errungen hatte: Privatteams hatten mit einer von Porsche entwickelten Rallyeversion des Cayenne S den Kontinentalmarathon gewonnen.

Die Premiere des Cayenne S „Transsyberia“ fand 2008 auf dem Pariser Autosalon statt. Die ersten Fahrzeuge wurden aber erst 2009 ausgeliefert. Auch wenn im Namen das „S“ steckte: Einige Merkmale stammten vom Cayenne GTS. Zum Beispiel der 405 PS starke V8-Motor oder die verkürzte Hinterachsübersetzung. Doch anders als beim Cayenne GTS konnte beim Sondermodell das serienmäßige Schaltgetriebe sehr wohl gegen die Tiptronic ersetzt werden. Insgesamt erreichte der Cayenne S „Transsyberia“ aber auch mit manueller Schaltung nicht ganz das Spurtvermögen des „GTS“.

Die Karosserie stammte vom Cayenne S (zu erkennen am Bug), war aber mit typischem Rallyedekor versehen. Unter anderem lagen den Fahrzeugen auch die Offroad-Dachscheinwerfer bei, die dem 77.558 Euro teuren Cayenne S „Transsyberia“ ein besonders robustes Aussehen verliehen. Allerdings durften sie in Deutschland im Straßenverkehr nicht benutzt werden.

Cayenne Diesel 2009

Lange geweigert, schließlich gebeugt: Im Cayenne feierte der Dieselmotor bei Porsche Premiere.

Porsche und Diesel? Diese Kombination kannten Fahrzeugkenner bislang nur aus jener Ära, in der Porsche bis Anfang der 1960er-Jahre auch Traktoren fertigte. Schien das Thema für Sportwagen bislang abwegig, erhielt es mit der Vorstellung des Cayenne eine neue Diskussionsgrundlage: Zwar verkauften sich SUV in den USA, Japan und dem Mittleren Osten als Benziner hervorragend, doch in Europa dominierten längst die Dieselfahrzeuge. „Rechtzeitig" zur Finanzmarktkrise präsentierte Porsche daher für den Cayenne ein umweltfreundlicheres Down-Sizing-Modell: den Cayenne Diesel.

Als Antriebsquelle diente ein 3,0 Liter großer V6-Common-Rail-Motor, den Audi im Konzernverbund beisteuerte – ein Umstand, der anders als das V6-Otto-Triebwerk von VW offen angesprochen wurde. Es leistete 240 PS, also 50 PS weniger als der kleinste Benziner im Cayenne. Doch mit 550 Newtonmeter Drehmoment übertraf es sogar den ungleich stärkeren Cayenne S. Nur die Fahrleistungen verdeutlichten, dass die Vorzüge des Dieselaggregats nicht in sportlicher Performance lagen: 214 km/h Höchstgeschwindigkeit entsprachen nicht dem üblichen Leistungsniveau eines Porsche.

Dafür konnte der Cayenne Diesel, der äußerlich nicht vom Cayenne zu unterscheiden war und auch dessen Typenbezeichnung führte, mit Reichweiten von über 1.000 Kilometern aufwarten. Oder mit einem Verbrauch von 9,3 Litern. Oder mit einem CO_2-Ausstoß von 244 g/km. Gerade in Deutschland, wo der Cayenne Diesel mit 56.859 Euro kaum teurer war als der Cayenne, kam das Konzept gut an.

TECHNISCHE DATEN	
Produktion	2009–2010
Stückzahl	k.A.
Karosserie	5-sitziger Geländewagen
L x B x H (mm)	4.798 x 1.928 x 1.699
Radstand (mm)	2.855
Leergewicht (kg)	2.240
Motoranordnung	Front
Antrieb	Allrad
Bauform Motor	V-Form
Zylinder	6
Hubraum (cm³)	2.967
Bohrung x Hub (mm)	83,0 x 91,4
Leistung (PS)	240
Drehmoment (Nm)	550
V_{max} (km/h)	214
0–100 km/h (s)	8,3

2003 Carrera GT

Von der Rennstrecke auf die Straße: Der Carrera GT war die Folge eines gestoppten Rennprojekts.

TECHNISCHE DATEN	
Produktion	2003-2006
Stückzahl	1.282
Karosserie	2-sitziger Roadster
L x B x H (mm)	4.613 x 1.921 x 1.166
Radstand (mm)	2.730
Leergewicht (kg)	1.380
Motoranordnung	Mitte
Antrieb	Heck
Bauform Motor	V
Zylinder	10
Hubraum (cm³)	5.733
Bohrung x Hub (mm)	98,0 x 76,0
Leistung (PS)	612
Drehmoment (Nm)	590
V_{max} (km/h)	330
0–100 km/h (s)	3,9

Im Jahr 2000 präsentierte Porsche einen Supersportwagen, der das Zeug hatte, in die Fußstapfen des erfolgreichen und Image prägenden 959 zu treten. Doch bis die Serienproduktion des Carrera GT tatsächlich gestartet wurde, vergingen noch Jahre: Erst 2003 stellte Porsche die endgültige Version vor, deren Fertigung dann im Sommer anlief. Insgesamt entstanden 1.282 Exemplare des 452.400 Euro teuren Fahrzeuges – ein fein austarierter Wert aus Nachfrage und Angebot. Überdies unterstrich seine Produktion in Leipzig die Bedeutung, die Porsche dem neuen Cayenne-Werk beimaß.

Der Carrera GT, intern als 980 bezeichnet, nutzte in vielen Bereichen ein Konzept, das Porsche ursprünglich für den Rennsport entwickelt hatte und das technisch außergewöhnlich aufwendig war. Ein Monocoque aus Kohlefaser, verstellbare Pushrod-Radaufhängungen und eine Keramikkupplung waren nur einige der kostspieligen Extras. Dazu gesellte sich ein 5,7 Liter großer V10-Motor, dem ebenfalls reinrassige Renntechnik zugrunde lag. Das 214 Kilogramm leichte Aggregat leistete 612 PS (bei motorsportlichen 8.000 U/min) und stellte einen neuen Rekord für Porsche-Straßenfahrzeuge dar. Fast mühelos erreichte der Carrera GT die 330-km/h-Marke (ein weiterer Rekord für Porsche), sprintete in 3,9 Sekunden auf Tempo 100 und war nach 9,9 Sekunden bereits bei 200 km/h.

Statt eines konventionellen Verdecks hatte der Carrera GT zwei CfK-Schalten, die im Notfall etwas Wetterschutz boten. Abgesehen davon war sein Handling vergleichsweise unkompliziert.

911 Carrera (997) 2004

So kritisch Fans das Erscheinen des 996 beobachteten, so positiv nahmen sie die Vorstellung seines Nachfolgers auf. Der im Frühsommer 2004 – ohne großen Messeauftritt – vorgestellte neue 911 Carrera sorgte rundum für Begeisterung. Dazu trug vor allem sein überarbeitetes Design mit bei, das die Fehler der Vergangenheit vergessen machte: So besaß der Sportwagenklassiker endlich wieder die klassischen Rundscheinwerfer. Auch die Frontschürze und die Kühleinlässe waren neu gezeichnet worden. Alles zusammen ließ den neuen 911 nicht nur besonders harmonisch aussehen, sondern differenzierte ihn nun endgültig und unübersehbar vom Boxster.

Erst auf den zweiten Blick offenbarte die neue Generation überdies, dass sie durch deutlich ausgestelltere Radhäuser wieder mehr Taille hatte. Ansonsten fielen die optischen Veränderungen eher marginal aus. Nur dem Innenraum merkte man das Bestreben der Designer an, die bisweilen kritisierte Wertigkeit aufzuholen: Das Interieure wirkte jetzt deutlich hochwertiger. Gleiches galt für das Cabrio, das weiterhin die Z-Faltung des Verdecks besaß und noch im gleichen Herbst vorgestellt wurde.

Gleichzeitig wurde auch die Technik anspruchsvoller (siehe auch Folgeseiten), selbst wenn der Leistungszuwachs vergleichsweise bescheiden ausfiel. So erreichte das bekannte 3,6-Liter-Boxertriebwerk jetzt 325 PS, also fünf PS mehr als bisher. In der Summe beeinflusste das die Fahrleistungen nicht, weil der 997 einerseits eine bessere Aerodynamik besaß, andererseits 50 Kilogramm schwerer wurde.

Alles richtig: Der 997 wurde von den Fans mit offenen Armen begrüßt – ohne Vorbehalte.

TECHNISCHE DATEN	
Produktion	2004–2008
Stückzahl	25.770
Karosserie	2+2-sitziges Coupé/Cabrio
L x B x H (mm)	4.427 x 1.808 x 1.310
Radstand (mm)	2.350
Leergewicht (kg)	1.395 (1.480)*
Motoranordnung	Heck
Antrieb	Heck
Bauform Motor	Boxer
Zylinder	6
Hubraum (cm³)	3.596
Bohrung x Hub (mm)	96,0 x 82,8
Leistung (PS)	325
Drehmoment (Nm)	370
V_{max} (km/h)	285
0–100 km/h (s)	5,0 (5,2)*

* Cabrio

2004 911 Carrera S (997)

Ab sofort zweigleisig: Von Beginn an war der 997 in zwei Leistungsstufen erhältlich.

TECHNISCHE DATEN	
Produktion	2004–2008
Stückzahl	42.525
Karosserie	2+2-sitziges Coupé/Cabrio
L x B x H (mm)	4.427 x 1.808 x 1.300
Radstand (mm)	2.350
Leergewicht (kg)	1.420 (1.505)*
Motoranordnung	Heck
Antrieb	Heck
Bauform Motor	Boxer
Zylinder	6
Hubraum (cm^3)	3.824
Bohrung x Hub (mm)	99,0 x 82,8
Leistung (PS)	355
Drehmoment (Nm)	400
V_{max} (km/h)	293
0–100 km/h (s)	4,8 (4,9)*

* Cabrio

Zum ersten Mal in der bis dato 41-jährigen Geschichte der Sportwagenikone präsentierte Porsche zwei Leistungsstufen auf einmal. Denn neben dem 325 PS starken 911 Carrera stellten die Schwaben zeitgleich auch den 911 Carrera S vor. Wie auch das Schwestermodell debütierte der „S" zunächst mal als Coupé, bevor im Herbst 2004 das 911 Carrera S Cabrio folgte.

Schon mehrfach hatte in der Vergangenheit das „S" eine leistungsstärkere Version signalisiert – die Vorbilder reichten vom frühen 911 über 928 und 924 bis zu Boxster und Cayenne. Das Plus an Leistung resultierte in diesem Fall aus einer Anhebung des Hubraums auf etwas mehr als 3,8 Liter. Basistriebwerk war weiterhin der wassergekühlte Sechszylinder-Boxer, der bei gleichem Hub eine um drei Millimeter größere Bohrung bekam. Sie war dafür verantwortlich, dass die Motorleistung um 30 auf 355 PS anstieg. Zugleich legte das Aggregat aber auch spürbar beim Drehmoment zu, das von 370 auf 400 Newtonmeter anstieg.

Das machte sich natürlich auch in den Fahrleistungen bemerkbar: Mit 293 km/h Höchstgeschwindigkeit und einem Spurtvermögen von 4,8 Sekunden erreichte der 911 Carrera S neue Fabelwerte, ohne Einschränkungen beim Komfort.

Der „S" war aber nicht nur dynamischer, er war auch besser ausgestattet. Zu den sichtbaren „Mehrwerten" gehörten 19-Zoll-Räder, zwei Doppel-Endrohre (statt zweier Ovalrohre) sowie stärkere und deswegen rote Bremsen. Nicht auf den ersten Blick sichtbar waren dagegen das serienmäßige PASM und Komfortextras.

911 Carrera 4 (997) 2005

Im Juni 2005 vervollständigte Porsche das Carrera-Programm mit der Allradversion, die parallel als Coupé und als Cabrio angeboten wurde. Auch sie waren in zwei Leistungsstufen erhältlich, die sich nicht von den heckgetriebenen Modellen unterschieden. Die 4x4-Technik war nicht grundlegend neu, sondern eine Evolution des aus dem 996 bekannten Systems. Gleiches galt für optionale 5-Gang-Tiptronic, die gerade in Verbindung mit dem Allradantrieb gerne mitbestellt wurde.

Andere Assistenzsysteme waren dagegen neu und hatten erst kurz zuvor im 911 Carrera ihr Debüt gegeben. Zum Beispiel PASM, Porsche Active Suspension Management. Es ermöglichte, die Härte des Fahrwerks zwischen einem normalen Komfortmodus und einem Sportmodus umzuschalten. Gleichzeitig war die aktive Radaufhängung, die für das 325-PS-Modell aufpreispflichtig war, mit einer Tieferlegung um einen Zentimeter verbunden, was vor allem durch besser ausgefüllte Radhäuser als positiv empfunden wurde. Eine andere technische Neuerung betraf die Bremsen, die auf Wunsch bei allen Carrera-Ablegern in der Keramik-Ausführung PCCB erhältlich war.

Wer betont aktiv unterwegs sein wollte, konnte sein Fahrzeug mit dem neuen Sport Chrono Paket ordern: Neben allerlei „Schnickschnack“ beinhaltete es eine sportlichere Kennlinie des elektronischen Gaspedals und einen markanteren Motorklang. Selbst das Basismodell erhielt damit einen merklich voluminöseren Klang. Volumeneinbußen mussten – allradbedingt – nur beim Gepäckabteil hingenommen werden, das 30 Liter kleiner war.

In die Breite gegangen: Die Allradversion war 44 Millimeter ausladender als der Basis-Carrera.

TECHNISCHE DATEN	
Produktion	2005–2008
Stückzahl	7.006
Karosserie	2+2-sitziges Coupé/Cabrio
L x B x H (mm)	4.427 x 1.852 x 1.310
Radstand (mm)	2.350
Leergewicht (kg)	1.450 (1.535)*
Motoranordnung	Heck
Antrieb	Allrad
Bauform Motor	Boxer
Zylinder	6
Hubraum (cm³)	3.596
Bohrung x Hub (mm)	96,0 x 82,8
Leistung (PS)	325
Drehmoment (Nm)	370
V_{max} (km/h)	280
0–100 km/h (s)	5,1 (5,3)*

* Cabrio

2005 911 Carrera 4S (997)

Optional mit Keramikbremsen PCCB: Sie waren an den gelben Bremssätteln erkennbar.

TECHNISCHE DATEN	
Produktion	2005–2008
Stückzahl	27.643
Karosserie	2+2-sitziges Coupé/Cabrio
L x B x H (mm)	4.427 x 1.852 x 1.300
Radstand (mm)	2.350
Leergewicht (kg)	1.475 (1.560)*
Motoranordnung	Heck
Antrieb	Allrad
Bauform Motor	Boxer
Zylinder	6
Hubraum (cm^3)	3.824
Bohrung x Hub (mm)	99,0 x 82,8
Leistung (PS)	355
Drehmoment (Nm)	400
V_{max} (km/h)	288
0–100 km/h (s)	4,8 (5,3)*

* Cabrio

Die Logik war schnell durchschaut: Das Kürzel „4" für Allradantrieb ließ sich problemlos mit dem „S" der stärkeren 3,8-Liter-Version kombinieren. Heraus kam der 911 Carrera 4S, der zusammen mit dem 911 Carrera 4 im Sommer 2005 vorgestellt wurde. Einige Kunden waren bei seinem Anblick allerdings etwas enttäuscht – hatten sie sich doch ein Modell vorgestellt, wie es bei 993 und 996 unter der Bezeichnung 911 Carrera S4 zum Erfolg geworden war: eine Allradvariante des Carrera, die unter der Karosserie des 911 Turbo steckte. In Wahrheit unterschieden sich 911 Carrera 4 und 911 Carrera 4S äußerlich nur durch die Abgasanlage, die Räder und die Bremsen.

Und doch wich die Karosserie beider allradgetriebenen Modelle von der bekannten Form ab: Beide Leistungsstufen verfügten über hintere Kotflügel, die um jeweils 22 Millimeter weiter nach außen gestellt waren. Die daraus resultierende Mehrbreite von 44 Millimetern gegenüber dem 911 Carrera und dem 911 Carrera S schien zwar unerheblich, beeinflusste das Erscheinungsbild aber doch ganz erheblich – zumal auf diese Weise die Taillierung noch deutlicher zur Geltung kam.

Die größere Breite und das höhere Gewicht des Allradantriebs führten dazu, dass der 355 PS starke 911 Carrera 4S nicht ganz die Performance seines heckgetriebenen Gegenstücks ereichte: Er war fünf km/h langsamer und verfehlte die Sprintzeit des 911 Carrera S um drei Zehntelsekunden – Abweichungen, die viele Kunden für einen bulligeren Look des Allradmodells allerdings gerne in Kauf nahmen.

911 Targa 4 / 911 Targa 4S (997)

2006

Im Herbst 2006 debütierte auf dem Pariser Automobilsalon der neue 911 Targa. Er setzte – nun bereits in dritter Generation – auf das Konzept des elektrisch zurückfahrenden Glasdachs. Dessen Technik wurde im Vergleich zum Vorgängermodell weiter verfeinert. Das betraf insbesondere die Geräuschentwicklung: Doch gerade weil der 911 Targa als Coupé zum Offenfahren betrachtet wurde, waren die Kunden bisweilen über die beinahe auf Cabrio-Niveau liegende Akustik enttäuscht.

Eine wesentliche Neuheit hatte der „Targa“ allerdings zu bieten: Erstmals seit 1993, als mit dem 964 die Produktion des letzten klassischen 911 Targa auslief, gab es ihn wieder mit Allradantrieb. Es war sogar fortan die einzige Antriebsform, in der das „gläserne Coupé“ erhältlich war. Das bedeutete auch, dass der neue 911 Targa in die breitere Karosserie des 911 Carrera 4 schlüpfen durfte – 44 Millimeter, die der wegen ihrer schlanken und spitz zulaufenden C-Säule weiterhin ungewöhnlich wirkenden Karosserieform zweifelsfrei guttaten.

Entsprechend trug das Fahrzeug die Bezeichnung 911 Targa 4. Allerdings wurde auch dieses Modell in der 355 PS starken Version mit 3,8-Liter-Motor angeboten, sodass parallel der 911 Targa 4S debütierte. Für den „Targa“ war es ein absolutes Novum, dass er in seiner rund 40-jährigen Geschichte in zwei Motorisierungen erhältlich war. Ohne nennenswerte zeitliche Verzögerung erhielten die Modelle Ende 2008 die Modellüberarbeitung des 911 Carrera 4/911 Carrera 4S (siehe Seiten 129/130).

Erstmals nur mit Allradantrieb: Der neue 911 Targa war ausschließlich mit dem Kürzel „4“ erhältlich.

TECHNISCHE DATEN	
Produktion	2006–2008
Stückzahl	1.525 (3.328)*
Karosserie	2+2-sitziger Targa
L x B x H (mm)	4.427 x 1.852 x 1.310
Radstand (mm)	2.350
Leergewicht (kg)	1.510 (1.535)*
Motoranordnung	Heck
Antrieb	Allrad
Bauform Motor	Boxer
Zylinder	6
Hubraum (cm^3)	3.596 (3.824)*
Bohr. x Hub (mm)	96,0 x 82,8 (99,0 x 82,8)*
Leistung (PS)	325 (355)*
Drehmoment (Nm)	370 (400)*
V_{max} (km/h)	280 (288)*
0–100 km/h (s)	5,3 (4,9)*

* 911 Targa 4S

2006 911 GT3 (997)

Auffällig: Der neue 911 GT3 bekam eine deutlich eigenständigere Frontpartie.

TECHNISCHE DATEN	
Produktion	2006–2008
Stückzahl	3.329 (1.909)*
Karosserie	2-sitziges Coupé
L x B x H (mm)	4.427 x 1.808 x 1.280
Radstand (mm)	2.350
Leergewicht (kg)	1.395 (1.375)*
Motoranordnung	Heck
Antrieb	Heck
Bauform Motor	Boxer
Zylinder	6
Hubraum (cm³)	3.600
Bohrung x Hub (mm)	100,0 x 76,4
Leistung (PS)	415
Drehmoment (Nm)	405
V_{max} (km/h)	310
0–100 km/h (s)	4,3 (4,2)*

* 911 GT3 RS

Ende Februar 2006 stellte Porsche auf dem Genfer Autosalon den neuen 911 GT3 vor. Im Unterschied zu seinem Vorgänger war er diesmal auch von vorne als etwas Besonderes zu erkennen. Dazu war seine Bugpartie deutlich überarbeitet worden, die nun größere und markanter geschnittene Lufteinlässe sowie eine tiefe Spoilerlippe bekam. Am Heck thronte ein noch größerer Heckflügel, dessen Neigung – wie schon bei der zweiten Generation auf Basis des 996 – veränderbar war. Neu war auch die Heckschürze, die ebenfalls eigenständig gestaltet war. Unter anderem gehörte zu ihr ein mittiger Doppelrohr-Auspuff à la Boxster S, ein völliges Novum für den 911.

Ansonsten basierte der „GT3" auf der schmalen Karosserie des 911 Carrera. Weiterhin wurde der 911 GT3 vom 3,6 Liter großen Boxermotor angetrieben, der inzwischen auf 415 PS erstarkt war. Damit ergab sich die sensationelle spezifische Leistung von 115,3 PS pro Liter, der höchste je für ein Straßenfahrzeug erreichte Wert. Die Höchstdrehzahl wuchs auf 8.400 Touren, das maximale Drehmoment kletterte auf 620 Newtonmeter. Das Triebwerk war mit einem kürzer abgestimmten 6-Ganggetriebe verknüpft, das einen Sprint auf Tempo 100 in 4,3 Sekunden ermöglichte. Als Höchstgeschwindigkeit gab Porsche für den 1.395 Kilogramm schweren Wagen 310 km/h an.

Neu am 911 GT3 waren überdies eine vom Carrera GT abgeleitete Traktionskontrolle sowie das optionale PASM-System. Ab Oktober stand überdies der gleich starke, aber noch leichtere und sportlichere 911 GT3 RS zur Verfügung.

Nachdem die Produktion des 911 Turbo auf Basis des 996 längst eingestellt war, stellte Porsche im Sommer 2006 den neuen „Turbo“ vor. Er verfolgte den eingeschlagenen Weg konsequent weiter und war weiterhin ausschließlich mit Allradantrieb zu haben. Allerdings war das 4x4-System grundlegend überarbeitet worden und enthielt das Porsche Traction Management – eine vom Cayenne abgeleitete, extrem schnelle Steuerung des Kraftflusses per Lamellenkupplung. Damit verbesserte das PTM die Agilität des neuen 911 Turbo erheblich, wozu auch das serienmäßige PASM beitrug.

Auch die Leistung des „Turbo“ schnellte kräftig nach oben: Sie sprang von 420 auf 480 PS, wobei sich das Triebwerk selbst nur wenig veränderte. Denn der Hauptgrund für die Mehrleistung lag bei den Turboladern mit verstellbarer Schaufelgeometrie, was wegen der hohen Abgastemperaturen den Einsatz völlig neuer Materialien notwendig machte. Dank der neuen Lader „explodierte“ nicht nur die Leistung, sondern das Drehmoment wuchs ebenfalls auf 620 Newtonmeter – verfügbar war es zwischen 1.950 und 5.000 U/min.

Und noch eine Besonderheit hatte der 911 Turbo an Bord: die Overboost-Funktion. Wer sie aktivierte, bekam kurzfristig 0,2 bar mehr Ladedruck. Das machte sich im Spurtvermögen des 320 km/h schnellen Fahrzeugs bemerkbar, das mit Overboost von 3,9 auf 3,5 Sekunden verbesserte. Verblüffend: Erstmals schafften diesen Sprint Tiptronic-Fahrzeuge schneller (3,7/3,3 Sekunden)! Ab 2007 war der 911 Turbo auch als Coupé verfügbar.

Verblüffend: Mit Tiptronic sprintete der 911 Turbo schneller auf Tempo 100 als mit Handschaltung.

TECHNISCHE DATEN	
Produktion	2006–2009
Stückzahl	21.725
Karosserie	2+2-sitziges Coupé/Cabrio
L x B x H (mm)	4.450 x 1.852 x 1.300
Radstand (mm)	2.350
Leergewicht (kg)	1.585 (1.655)*
Motoranordnung	Heck
Antrieb	Allrad
Bauform Motor	Boxer
Zylinder	6
Hubraum (cm³)	3.600
Bohrung x Hub (mm)	100,0 x 76,4
Leistung (PS)	480
Drehmoment (Nm)	620
V_{max} (km/h)	310
0–100 km/h (s)	3,9 (3,7)** (4,0* (3,8)***

* Cabrio ** mit Tiptronic *** Cabrio Tiptronic

2007 911 GT2 (997)

Bewährtes GT2-Konzept: Turbotechnik, kombiniert mit klassischem Heckantrieb.

TECHNISCHE DATEN	
Produktion	2007–2010
Stückzahl	in Produktion
Karosserie	2+2-sitziges Coupé
L x B x H (mm)	4.469 x 1.852 x 1.285
Radstand (mm)	2.350
Leergewicht (kg)	1.440
Motoranordnung	Heck
Antrieb	Heck
Bauform Motor	Boxer
Zylinder	6
Hubraum (cm³)	3.600
Bohrung x Hub (mm)	100,0 x 76,4
Leistung (PS)	530
Drehmoment (Nm)	680
V_{max} (km/h)	329
0–100 km/h (s)	3,7

Als letzte noch fehlende Modellvariante stellte Porsche auf der IAA 2007 den mit Spannung erwarteten 911 GT2 vor. Dieser setzte weiter auf das bereits beim 996 eingeführte Grundprinzip: „Turbo minus Allradtechnik plus mehr Leistung". Und wie schon beim Vorgänger war auch der neue 911 GT2 ohne Bezug zum Motorsport entstanden – auch wenn er äußerlich ganz danach aussah. Vor allem der riesige, verstellbare Heckspoiler mit seinen seitlichen Leitflügeln rief Assoziationen hervor. Markant war überdies die Heckschürze mit ihren vielen Entlüftungsgittern, während der Bug bis auf einen zusätzlichen Lüftungsschlitz oberhalb des Nummernschilds nahezu unverändert den „Turbo"-Look besaß. Als schnelles Unterscheidungskriterium zum 911 GT3 eignete sich indes der seitliche Lufteinlass für die Turbolader, den der 911 GT2 vom 911 Turbo übernahm.

Erwartungsgemäß gigantisch war die Leistung des 911 GT2: Mit 530 PS übersprang erstmals ein Serien-911 die 500er-Marke. Dazu war der Ladedruck der Turbolader erhöht und eine Expansions-Sauganlage eingeführt worden. Für eine standesgemäße Verzögerung sorgte die Keramikbremse, mit der der 189.496 Euro teure 911 GT2 zum zweiten Porsche nach dem Carrera GT wurde, der serienmäßig über PCCB verfügte.

Mit 329 km/h erreichte der 911 GT2 beinahe auch dessen Topspeed, während er beim Sprint auf 100 km/h sogar um zwei Zehntelsekunden schneller war. Ihm kam dabei ein spezieller „Launch Assistant" zugute, der die 3,7 Sekunden für jedermann möglich machte.

911 Carrera (997)

Im Juni 2008 stellte Porsche eine bemerkenswerte Weiterentwicklung des 911 vor. Mit ihr wurde die Sportwagenikone gleichzeitig sportlicher, wirtschaftlicher und umweltfreundlicher. Wesentlicher Bestandteil des Konzepts waren überarbeitete Triebwerke. Für den Basis-911 bedeutete das zwar keinen nennenswerten Zugewinn beim Hubraum, doch im Detail bewiesen der neue Hub und die neue Bohrung, dass es sich um ein frisches Triebwerk handelte. Wichtiger war allerdings das neue Einspritzsystem: Nachdem bereits im Vorjahr der Cayenne mit Benzindirekteinspritzung ausgestattet worden war, kam diese nun auch im 911 Carrera zum Einsatz.

Wichtigstes Kennzeichen für Sportwagen-Fans: Die Leistung des Basis-911 kletterte von 325 auf 345 PS, das Drehmoment von 370 auf 390 Newtonmeter. Doch die Strategen im Unternehmen waren auf ein anderes Kennzeichen stolz: Das Triebwerk des 911 Carrera erfüllte die strenge Euro-5-Abgasnorm und besaß einen deutlich geringeren Verbrauch. So betrug der Normverbrauch gerade einmal 10,3 Liter, der in Kombination mit dem optionalen PDK-Getriebe (siehe Folgeseite) sogar auf 9,8 Liter gedrückt werden konnte.

Trotz dieser Einsparungen war der 911 Carrera 289 km/h schnell und wartete mit neuen Komfortextras auf: Belüftete Sitze, ein neues Infotainmentsystem mit Touchscreen oder ein weiterentwickeltes PASM waren ebenfalls Merkmale des 997. Äußerlich war die Modellüberarbeitung vor allem an den modifizierten Heckleuchten und ihrem „Unterschwung" zu erkennen.

Wandel unter dem Blech: Der Fortschritt der zweiten 997-Generation war äußerlich kaum erkennbar.

TECHNISCHE DATEN	
Produktion	seit 2008
Stückzahl	in Produktion
Karosserie	2+2-sitziges Coupé/Cabrio
L x B x H (mm)	4.435 x 1.808 x 1.310
Radstand (mm)	2.350
Leergewicht (kg)	1.4[illegible]5 (1.500)*
Motoranordnung	Heck
Antrieb	Heck
Bauform Motor	Boxer
Zylinder	6
Hubraum (cm^3)	3.614
Bohrung x Hub (mm)	97,0 x 81,5
Leistung (PS)	345
Drehmoment (Nm)	390
V_{max} (km/h)	289 (287)**
0–100 km/h (s)	4,9 (4,7)** (5,[illegible])* (4,9)***

* Cabrio ** mit PDK *** Cabrio mit PDK

2008 911 Carrera S (997)

Dezentes Erkennungszeichen: Der Unterschwung der Heckleuchten machte optisch die Evolution aus.

TECHNISCHE DATEN	
Produktion	seit 2008
Stückzahl	in Produktion
Karosserie	2+2-sitziges Coupé/Cabrio
L x B x H (mm)	4.435 x 1.808 x 1.300
Radstand (mm)	2.350
Leergewicht (kg)	1.425 (1.510)*
Motoranordnung	Heck
Antrieb	Heck
Bauform Motor	Boxer
Zylinder	6
Hubraum (cm³)	3.800
Bohrung x Hub (mm)	102,0 x 77,5
Leistung (PS)	385
Drehmoment (Nm)	420
V_{max} (km/h)	302 (300)**
0–100 km/h (s)	4,7 (4,5)** (4,9)* (4,7)***

* Cabrio ** mit PDK *** Cabrio mit PDK

Parallel zum 911 Carrera präsentierte Porsche im Juni 2008 auch den überarbeiteten 911 Carrera S. Wie das Basismodell bekam auch der „S" einen neuen Motor. Er unterschied sich in Bohrung und Hub nur leicht vom Vorgänger und hatte einen Gesamthubraum von etwas mehr 3,8 Litern. Dafür verfügte er dank Benzindirekteinspritzung über 385 PS und 420 Newtonmeter Drehmoment. Diese Werte sorgten dafür, dass der neue 911 Carrera S zum ersten „normalen" 911 wurde, der mit einer Höchstgeschwindigkeit von 302 km/h die 300-km/h-Marke knackte – eine Größenordnung, die in der Vergangenheit stets nur „GT3", „Turbo" und „GT2" vorbehalten war.

Technisches Highlight aller überarbeiteten Carrera-Modelle war das optionale Doppelkupplungsgetriebe PDK (Porsche Doppelkupplung). Bereits in den 1980er-Jahren hatte Porsche im Rennsport mit dieser Technologie Erfahrungen gesammelt. Das im 997 vorgestellte PDK hatte indes mit seinem Vorläufer nichts gemein. Die wegweisende 7-Gang-Schalteinheit bestand aus zwei getrennten Getrieben, die über zwei Kupplungen verbunden waren und auf diese Weise Hochschalten ohne Zugkraftunterbrechung erlaubten.

Wie wirkungsvoll das PDK war, zeigten die Zahlen: Mit konventionellem Getriebe sprintete der 911 Carrera S in 4,7 Sekunden auf Tempo 100. Mit PDK dauerte es nur 4,5 Sekunden, und mit PDK im Sportmodus sogar nur 4,3 Sekunden. Gleichzeitig sorgte der lang übersetzte siebente Gang des PDK für günstige Verbrauchswerte, die im Mittel bei 10,2 Litern auf 100 Kilometer lagen.

911 Carrera 4 (997) 2008

Nur wenige Monate nach den heckgetriebenen Carrera-Modellen erhielten auch die 4x4-Versionen des 911 Carrera die Modellpflegemaßnahmen. Auch für sie galt, dass äußerlich die Modifikationen ungleich geringer ausfielen als technisch. Wichtigstes Erkennungsmerkmal war die neue Gestaltung der Rückleuchten: Sie hatten, wie auch bei den heckgetriebenen Modellen, einen „Unterschwung“, wie er bereits beim überarbeiteten Cayenne eingeführt worden war.

Mehr Aufmerksamkeit als diese Neugestaltung erregte ein anderes äußerliches Detail, das im Rahmen dieser Modellüberarbeitung eingeführt wurde: Fortan besaßen alle allradgetriebenen Carrera-Versionen ein durchgängiges Leuchtenband, das beide Rückfahrscheinwerfer miteinander verband. Damit griff Porsche wieder ein Stilmittel auf, das jahrzehntelang charakteristisch für den 911 gewesen war. Neu war aber, dass das Band schmäler war als die Leuchtengruppen und auch nicht wie einst den Schriftzug „Porsche“ umfasste.

Da inzwischen alle Targa-Modelle allradgetrieben waren, bekam logischerweise auch der 911 Targa 4 dieses Erkennungszeichen. Weiterhin war allen 4x4-Modellen (Coupé, Cabrio und Targa) gemeinsam, dass sie die um insgesamt 44 Millimeter verbreiterte Karosserie besaßen.

Das 345 PS starke 3,6-Liter-Triebwerk mit Benzindirekteinspritzung hob die Fahrleistungen des 911 Carrera 4 weiter an: Dieser war jetzt 284 km/h schnell und sprintete in exakt 5,0 Sekunden auf 100 km/h – mit PDK sogar um 0,2 Sekunden schneller.

Neues Erkennungszeichen: Das durchgängige Leuchtenband blieb den Allradversionen vorbehalten.

TECHNISCHE DATEN	
Produktion	seit 2008
Stückzahl	in Produktion
Kaross.	2+2-sitziges Coupé/Targa/Cabrio
L x B x H (mm)	4.435 x 1.852 x 1.310
Radstand (mm)	2.350
Leergewicht (kg)	1.470 (1.555)* (1.530)**
Motoranordnung	Heck
Antrieb	Allrad
Bauform Motor	Boxer
Zylinder	6
Hubraum (cm³)	3.614
Bohrung x Hub (mm)	97,0 x 81,5
Leistung (PS)	345
Drehmoment (Nm)	390
V_{max} (km/h)	284 (282)***
0–100 km/h (s)	4,8 (4,6)*** (5,2)**** (5,0)*****

* Cabrio ** Targa *** mit PDK

2008 911 Carrera 4S (997)

Highlights: Zu den wichtigsten Neuerungen gehörten PDK-Getriebe und Benzindirekteinspritzung.

TECHNISCHE DATEN	
Produktion	seit 2008
Stückzahl	in Produktion
Kaross.	2+2-sitziges Coupé/Targa/Cabrio
L x B x H (mm)	4.435 x 1.852 x 1.300
Radstand (mm)	2.350
Leergewicht (kg)	1.480 (1.565)* (1.540)**
Motoranordnung	Heck
Antrieb	Allrad
Bauform Motor	Boxer
Zylinder	6
Hubraum (cm^3)	3.800
Bohrung x Hub (mm)	102,0 x 77,5
Leistung (PS)	385
Drehmoment (Nm)	420
V_{max} (km/h)	297 (295)***
0–100 km/h (s)	4,7 (4,5)*** (4,9)**** (4,7)*****

* Cabrio ** Targa *** mit PDK
**** Targa/Cabrio ***** Targa/Cabrio mit PDK

Im Herbst 2008 wurde parallel zum 911 Carrera 4 auch der 911 Carrera 4S auf die neue Motorengeneration umgerüstet. Außerdem bekam er alle äußerlichen Erkennungszeichen der Modellüberarbeitung, also durchgängiges Leuchtenband und Rückscheinwerfer mit Unterschwung. Sämtliche Modifikationen betrafen nicht nur Coupé und Cabriolet, sondern auch den 911 Targa 4S.

Auch wenn alle drei Modelle die 300-km/h-Marke knapp verfehlten, so konnte der 911 Targa 4S für sich verbuchen, der schnellste Targa aller Zeiten zu sein, der selbst den früher produzierten 911 Turbo Targa in den Schatten stellte. Und nicht nur der schnellste, sondern mit 385 PS auch der stärkste. Weil das 3,8 Liter große Triebwerk außergewöhnlich effizient arbeitete, hielten sich zudem Kraftstoffverbrauch und Emissionen des Euro-5-Aggregats in Grenzen – insbesondere in Kombination mit PDK.

Zu den Neuerungen der überarbeiteten Baureihe gehörte zudem auch, dass fortan alle allradgetriebenen Versionen (unabhängig von der Karosserieform) über das vom Cayenne und 911 Turbo bekannte Porsche Traction Management verfügten. Das PTM sorgte dafür, dass die Kraft noch schneller und wirkungsvoller auf die einzelnen Räder verteilt werden konnte. Maximal 100 Millisekunden benötigte das System dafür, um situationsabhängig die Lamellenkupplung zu steuern. Die daraus resultierende exzellente Traktion des Fahrzeugs erweckte bei seinen Lenkern bisweilen fast schon den Eindruck, der Allradantrieb des 911 Carrera 4/911 Carrera 4S wäre vorausschauend.

911 GT3 3.8 (997) 2009

Auf dem Genfer Salon 2009 präsentierte Porsche den neuen 911 GT3. Anders als die übrigen Saugmotorversionen des 911 kam allerdings beim neuen 911 GT3 keine Benzindirekteinspritzung zum Einsatz. Trotzdem kletterte seine Leistung um 20 auf 435 PS, was in erster Linie das Resultat einer Hubraumerhöhung von 3,6 auf 3,8 Liter war. Obwohl beide Brennraumgrößen von 911 Carrera und 911 Carrera S bekannt waren, handelte es sich beim Triebwerk des 911 GT3 weiterhin um die völlig eigenständige Weiterentwicklung des Motors aus dem 911 GT1. Entsprechend zeichnete sich das Triebwerk auch im Folgenden durch Trockensumpfschmierung, Titanpleuel und Hochdrehzahlcharakteristik aus. Trotz allem erfüllte das Aggregat die strengere Euro-5-Abgasnorm.

Der wahre Fortschritt zeigte sich in anderen Aspekten. So war der neue 911 GT3 der erste Sport-911, der über das Fahrstabilitätsprogramm PSM verfügte – allerdings mit variabler Querbeschleunigungskontrolle, womit Sportfahrern letztlich selbst die Entscheidung blieb, wie weit sie Hilfe annehmen wollten. Neu waren überdies die dynamischen Motorachslager, die bei sportlicher Fahrweise straffer wurden, ein Vorderachslift zum Überfahren von Kanten und Räder mit Zentralverschluss. PDK war indes nicht erhältlich.

Der neue „GT3“ war an seinem riesigen Heckflügel zu erkennen, der ein halbes Jahr später noch getoppt wurde: Der Spoiler des 911 GT3 RS (die höchste Clubsport-Ausbaustufe) besaß noch größere Abmessungen – und mit 450 PS erstmals auch mehr Leistung als der 911 GT3.

Kennzeichen des 911 GT3: die mittige und doppelflutige Abgasanlage im Stil des Boxster S/Cayman S.

TECHNISCHE DATEN	
Produktion	seit 2009
Stückzahl	in Produktion
Karosserie	2-sitziges Coupé
L x B x H (mm)	4.460 x 1.808 x 1.280
Radstand (mm)	2.350
Leergewicht (kg)	1.395 (1.370)*
Motoranordnung	Heck
Antrieb	Heck
Bauform Motor	Boxer
Zylinder	6
Hubraum (cm³)	3.797
Bohrung x Hub (mm)	102,7 x 76,4
Leistung (PS)	435 (450)*
Drehmoment (Nm)	430
V_{max} (km/h)	312 (310)*
0–100 km/h (s)	4,1 (4,0)*

* 911 GT3 RS

2009 911 Turbo 3.8 (997)

Vom 911 Carrera „gelernt“: Auch der 911 Turbo bekam Direkteinspritzung und optionales PDK.

TECHNISCHE DATEN	
Produktion	seit 2009
Stückzahl	in Produktion
Karosserie	2+2-sitziges Coupé/Cabrio
L x B x H (mm)	4.450 x 1.852 x 1.300
Radstand (mm)	2.350
Leergewicht (kg)	1.570 (1.645)*
Motoranordnung	Heck
Antrieb	Allrad
Bauform Motor	Boxer
Zylinder	6
Hubraum (cm³)	3.800
Bohrung x Hub (mm)	102,0 x 77,5
Leistung (PS)	500
Drehmoment (Nm)	650
V_{max} (km/h)	312
0–100 km/h (s)	3,7 (3,6)** (3,8)* (3,7)***

* Cabrio ** mit Tiptronic *** Cabrio Tiptronic

In logischer Konsequenz wurde nach den Carrera-Modellen auch der 911 Turbo „zukunftsfähig“ gemacht. Das Ergebnis dieser Arbeiten debütierte auf der IAA 2009 und ließ sich auf einen einfachen Nenner bringen: mehr Leistung und Technik bei weniger Verbrauch und Emissionen. Äußerlich änderte sich der 911 Turbo auf Basis des 997 nur wenig: Rückleuchten mit LED-Technik im „Carrera-Look“, eine überarbeitete Bugpartie, neue Außenspiegel, frisch designte Räder und andere Details machten die Weiterentwicklung erst auf den zweiten Blick erkennbar.

Die wesentlichen Veränderungen fanden indes unter der Karosserie statt, die es wahlweise als Coupé und Cabrio gab. Ein völlig neuer Motor mit 3,8 Liter Hubraum erlaubte den Einsatz der Benzindirekteinspritzung. Daraus und aus den optimierten Turboladern resultierten eine Leistung von exakt 500 PS und ein maximales Drehmoment von 650 Newtonmetern. Trotz allem genehmigte sich das Geschoss im Mittel nur rund 11,5 Liter auf 100 Kilometer – und das, obwohl der 911 Turbo auch weiterhin nur mit Allradantrieb ausgeliefert wurde.

Erstmals war der 911 Turbo mit dem modernen PDK-Getriebe erhältlich und ersetzte – wie schon beim 911 Carrera – die Tiptronic. Die über Lenkradwippen betätigte Schaltung hatte beim 314 km/h schnellen „Turbo“ die gleichen Effekte wie bei den Saugmotormodellen: Die Beschleunigung auf Tempo 100 war mit PDK noch brachialer und dauerte im Extremfall nur 3,4 Sekunden. Konventionell geschaltet dauerte der gleiche Spurt 3,7 Sekunden.

911 Sport Classic (997) 2009

Auf der IAA stellte Porsche 2009 ein ungewöhnliches Sondermodell auf Basis des 911 vor. Es besaß technische und vor allem deutliche optische Modifikationen und wich damit klar von den bis dato bekannten Kleinserien ab, die vor allem auf Leistungssteigerungen und Ausstattungsoptionen setzten. Allerdings setzte der 911 Sport Classic auch beim Preis neue Maßstäbe: 201.682 Euro kostete er und damit mehr als doppelt so viel wie ein 911 Carrera S (auf dem er grundsätzlich basierte) und auch weit mehr als ein 911 Turbo, obwohl dieser eine viel höhere Leistung bot.

Vom 911 Sport Classic wurden exakt 250 Exemplare produziert, die innerhalb kürzester Zeit verkauft waren. Das Fahrzeug war ausschließlich als Coupé erhältlich und wartete mit zwei unübersehbaren Designmerkmalen auf: Zum einen besaß das Dach eine Doppelkuppelstruktur – ein für Porsche bis dahin weitgehend unbekanntes Designmerkmal, das eher mit Fahrzeugen des italienischen Karosseriers Zagato in Verbindung gebracht wurde. Zum anderen besaß der 911 Sport Classic einen feststehenden Heckspoiler, dessen Design im Stil des berühmten „Entenbürzels" des 911 Carrera 2.7 von 1972 ausfiel. Daneben besaß das Fahrzeug noch zahlreiche weitere Modifikationen gegenüber dem 911 Carrera S.

Das Sondermodell war heckgetrieben (trotz breiterer Allrad-Karosserie) und besaß den 3,8-Liter-Benzindirekteinspritzer, der jetzt 408 PS leistete. Dazu trug auch eine besondere Sportabgasanlage mit geringerem Staudruck bei, deren Endrohre auch von außen gut zu erkennen waren.

Patchwork: Heckbürzel im RS-Look, Dach-Doppelkuppel und zwei dicke Einzel-Abgasendrohre.

TECHNISCHE DATEN	
Produktion	2009–2010
Stückzahl	250
Karosserie	2+2-sitziges Coupé
L x B x H (mm)	4.440 x 1.852 x 1.290
Radstand (mm)	2.350
Leergewicht (kg)	1.425
Motoranordnung	Heck
Antrieb	Heck
Bauform Motor	Boxer
Zylinder	6
Hubraum (cm³)	3.800
Bohrung x Hub (mm)	102,0 x 77,5
Leistung (PS)	400
Drehmoment (Nm)	420
V_{max} (km/h)	302
0–100 km/h (s)	4,6

2010 911 Turbo S (997)

Rückkehr des „S": Der 911 Turbo S nutzte die Werksleistungssteigerung und hatte serienmäßig PDK.

TECHNISCHE DATEN	
Produktion	seit 2010
Stückzahl	in Produktion
Karosserie	2+2-sitziges Coupé/Cabrio
L x B x H (mm)	4.450 x 1.852 x 1.300
Radstand (mm)	2.350
Leergewicht (kg)	1.585 (1.660)*
Motoranordnung	Heck
Antrieb	Allrad
Bauform Motor	Boxer
Zylinder	6
Hubraum (cm³)	3.800
Bohrung x Hub (mm)	102,0 x 77,5
Leistung (PS)	530
Drehmoment (Nm)	700
V_{max} (km/h)	315
0–100 km/h (s)	3,3 (3,4)*

* Cabrio

Fünf Jahre lang fehlte er im Programm, 2010 kehrte er auf dem Genfer Salon ins Angebot zurück: der 911 Turbo S, der zeitlich als Coupé und als Cabrio erhältlich war. Bis auf die Typenbezeichnung war er vom 911 Turbo nicht zu unterscheiden. Rein technisch betrachtet war der „S" ohnehin kaum mehr als eine aktive Vermarktung der Werksleistungssteigerung.

So verfügte der 911 Turbo S über exakt jene Komponenten, aus denen auch die Leistungsoption für den 911 Turbo bestand. Mithilfe eines höheren Ladedrucks von 1,2 bar und überarbeiteten Ventilen leistete das 3,8 Liter große Triebwerk 530 PS – 30 PS mehr als der 911 Turbo. Mit einher ging ein Anstieg des Drehmoments um 50 auf 700 Newtonmeter. Verblüffend dabei: Der Normverbrauch erhöhte sich deswegen aber nicht, sondern verharrte bei 11,4 Litern pro 100 Kilometer – was das 530-PS-Geschoss definitiv zum sparsamsten Supersportwagen machte.

Ein positiver Aspekt war dabei sicherlich, dass der 911 Turbo S nur minimal schwerer ausfiel (15 Kilogramm) als das Basismodell. Allerdings verbesserte sich auch die Performance nur geringfügig, und so schaffte der „S" 315 km/h Höchstgeschwindigkeit und bewies ein Sprintvermögen mit 3,3 Sekunden.

Exakt 24.514 Euro verlangte Porsche für den 911 Turbo S. Allerdings relativierte sich der Preis, denn der „S" besaß serienmäßig PDK-Getriebe, Keramikbremsen und Rennschalensitze. Unter Berücksichtigung der Kosten für das Werkstuning entsprach das Gesamtpaket sogar einem Preisvorteil von über 2.500 Euro!

911 GT2 RS (997) 2010

Am 25. August 2010 präsentierte Porsche den extremsten 911: Auf dem Autosalon in Moskau debütierte der 911 GT2 RS. Mit seiner Leistung von 620 PS wurde er zum stärksten Porsche-Straßenfahrzeug aller Zeiten, der selbst den 612 PS starken Carrera GT toppte. Technisch basierte der „GT2 RS" auf dem 90 PS schwächeren 911 GT2, der weiterhin im Programm blieb. Entsprechend setzte das neue Spitzenmodell auf die Doppelturbotechnik mit variabler Ladergeometrie und auf den Heckantrieb.

Neben dem kräftigen Leistungszuwachs zeichnete sich der 911 GT2 RS vor allem durch seine deutliche Gewichtsreduzierung aus. Ganze 70 Kilogramm war er im Vergleich zum 911 GT2 leichter und kam auf ein Gesamtgewicht von 1.370 Kilogramm. Daraus resultierte das sensationelle Leistungsgewicht von 2,21 Kilogramm pro PS und eine eindrucksvolle Performance: Bei vollem Schub benötigte der 911 GT2 RS lediglich 3,5 Sekunden bis 100 km/h, nur 9,8 Sekunden bis 200 km/h und war schließlich nach 28,9 Sekunden 300 km/h schnell. Erst bei 330 km/h endete der Vorwärtsdrang.

Serienmäßig verfügte der 911 GT2 RS über Keramikbremsen, ein Aktiv-Fahrwerk mit spezieller „RS"-Anpassung und ein dynamisches Motorlager. Zahlreiche Karosseriekomponenten aus Sicht-Carbon, zusätzliche Kotflügelverbreiterungen, entsprechende Schriftzüge und eine neue Bugspoilerlippe waren sichere Indizien, um das Spitzenmodell vom 911 GT2 zu unterscheiden – das auch seinen Preis hatte: Mit 237.578 Euro war es aber immerhin günstiger als der Carrera GT.

Superlativ: Der 911 GT2 RS wurde zum stärksten Porsche-Straßenfahrzeug aller Zeiten.

TECHNISCHE DATEN	
Produktion	seit 2010
Stückzahl	in Produktion
Karosserie	2-sitziges Coupé
L x B x H (mm)	4.469 x 1.852 x 1.285
Radstand (mm)	2.350
Leergewicht (kg)	1.445
Motoranordnung	Heck
Antrieb	Heck
Bauform Motor	Boxer
Zylinder	6
Hubraum (cm³)	3.600
Bohrung x Hub (mm)	100,0 x 76,4
Leistung (PS)	620
Drehmoment (Nm)	700
V_{max} (km/h)	330
0–100 km/h (s)	3,5

2004 Boxster (987)

Erwachsen geworden: Die zweite Boxster-Generation war über jeden Zweifel erhaben.

TECHNISCHE DATEN	
Produktion	2004–2008
Stückzahl	40.790
Karosserie	2-sitziger Roadster
L x B x H (mm)	4.329 x 1.801 x 1.292
Radstand (mm)	2.415
Leergewicht (kg)	1.295 (ab 2006: 1.305)
Motoranordnung	Mitte
Antrieb	Heck
Bauform Motor	Boxer
Zylinder	6
Hubraum (cm³)	2.687
Bohrung x Hub (mm)	85,5 x 78,0
Leistung (PS)	240 (ab 2006: 245)
Drehmoment (Nm)	270 (ab 2006: 273)
V_{max} (km/h)	256 (ab 2006: 258)
0–100 km/h (s)	6,2 (ab 2006: 6,1)

Der Boxster war zum Erfolg für Porsche geworden. Bei seiner zweiten Auflage versuchten die Entwickler daher, die wenigen verbliebenen Schwachstellen zu beheben. Viele von ihnen waren bereits beim letzten Facelift der Baureihe 986 in Angriff genommen worden. Damit fiel der zweiten Serie, die im Herbst 2004 als Typ 987 vorgestellt wurde, die Aufgabe zu, den eingeschlagenen Weg lediglich zu vollenden.

Weiterhin kam der 2,7-Liter-Boxermotor zum Einsatz. Änderungen im Detail entlockten ihm nun zwölf Zusatz-PS, gesamt 240 PS. 2006, nach Einführung des Porsche Cayman, stieg die Leistung sogar auf 245 PS – jedenfalls genügend, um deutlich über 250 km/h zu kommen.

Doch gravierender fiel der technische Fortschritt in anderen Bereichen aus. Zum Beispiel beim Fahrwerk. Erstmals war auf Wunsch das vom 911 bekannte Aktivfahrwerk PASM erhältlich, das zusammen mit dem – ebenfalls erstmalig verfügbaren – 6-Ganggetriebe als Sportpaket vermarktet wurde. Auch das Sport Chrono Paket, das verschiedene Fahrzeugkennlinien straffer stellte, konnte nun erstmals im Boxster bestellt werden.

Ansonsten galt das Hauptaugenmerk der Entwickler auf der Wertigkeit und einer gehobenen Ausstattung – obwohl der Grundpreis mit 43.333 Euro kaum anstieg. So gab es als Weltneuheit für offene Fahrzeuge Kopf-Airbags und zudem eine deutlich erweiterte Serienausstattung. Äußerlich war der Boxster der Baureihe 987 an seinen Ellipsoid-Scheinwerfen zu erkennen, die die viel kritisierten „Spiegeleierleuchten“ ablösten.

Boxster S (987) 2004

Parallel zum neuen Boxster stellte Porsche auch den neuen Boxster S vor. Optisch erkannte man die zweite Generation an den Ellipsoid-Hauptscheinwerfern. Positionsleuchten und Nebelscheinwerfer waren von ihnen getrennt und bildeten zusammen mit den großen, vergitterten Lufteinlässen eine Einheit. Zweifelsfrei wirkte die Baureihe 987 wesentlich aggressiver. Viele andere Elemente blieben dagegen erhalten. Zum Beispiel der ausfahrbare Heckspoiler, die mittige Abgasanlage (beim „S" erneut doppelflutig) und das steilere Stoffverdeck. Vom Basis-Boxster unterschied sich optisch der „S" neben besagter Abgasanlage durch einen Lufteinlass in der Bugmitte und 18-Zoll-Räder (Boxster: 17 Zoll).

Vor allem gab es aber mehr Leistung bei kaum gestiegenem Preis (52.265 Euro). Dank zahlreicher Modifikationen entlockten die Techniker dem 3,2-Liter-Triebwerk 280 PS. Ab dem Jahr 2006 waren es sogar 295 PS. Damit erreichte der Boxster S 268 km/h, später 272 km/h, und ermöglichte einen Sprint auf 100 km/h in 5,4 Sekunden. Serienmäßig verfügte er über ein 6-Ganggetriebe und konnte optional mit dem Aktivfahrwerk PASM ausgestattet werden. Ebenso standen als Sonderausstattung die 5-Gang-Tiptronic und das Sport Chrono Paket zur Wahl.

Eine Aufwertung erfuhr auch der Innenraum: Das Cockpit war klarer strukturiert, wirkte aufgeräumter und besaß weniger Materialübergänge und Fugen. Zugleich war auch die Serienausstattung kräftig aufgewertet worden, die zusätzlich Kopf-Airbags (eine Premiere für offene Fahrzeuge) umfasste.

Erfolgsfaktor Handling: Das Mittelmotor-Layout war weiterhin ein wichtiger Bonus der Baureihe.

TECHNISCHE DATEN	
Produktion	2004–2008
Stückzahl	30.907
Karosserie	2-sitziger Roadster
L x B x H (mm)	4.329 x 1.801 x 1.292
Radstand (mm)	2.415
Leergewicht (kg)	1.345 (ab 2006: 1.355)
Motoranordnung	Mitte
Antrieb	Heck
Bauform Motor	Boxer
Zylinder	6
Hubraum (cm³)	3.179
Bohrung x Hub (mm)	96,0 x 78,0
Leistung (PS)	280 (ab 2006: 295)
Drehmoment (Nm)	320 (ab 2006: 340)
V_{max} (km/h)	268 (ab 2006: 272)
0–100 km/h (s)	6,2 (ab 2006: 6,1)

2007 Boxster S „RS 60 Spyder“ (987)

Premiere: Als Sondermodell gelang dem Boxster S erstmals der Sprung über die 300-PS-Mauer.

TECHNISCHE DATEN	
Produktion	2007–2008
Stückzahl	1.960 (Design Edition: 500)
Karosserie	2-sitziger Roadster
L x B x H (mm)	4.329 x 1.801 x 1.292
Radstand (mm)	2.415
Leergewicht (kg)	1.355
Motoranordnung	Mitte
Antrieb	Heck
Bauform Motor	Boxer
Zylinder	6
Hubraum (cm³)	3.179
Bohrung x Hub (mm)	96,0 x 78,0
Leistung (PS)	303
Drehmoment (Nm)	340
V_{max} (km/h)	274
0–100 km/h (s)	5,4

Um der erstmals etwas schwächelnden Nachfrage nach der Boxster-Baureihe entgegenzuwirken, griff Porsche den Erfolg des „50 Jahre 550 Spyder“-Sondermodells auf. Im Dezember 2007 zeigten die Schwaben auf der Bologna Motorshow eine besondere Edition, den Boxster S „RS 60 Spyder“. Er erinnerte an die Erfolge des Porsche 718 RS 60 Spyder, der – als Nachfolger des Boxster-Urahns 550 Spyder – Anfang der 1960er-Jahre Motorsportgeschichte schrieb. Entsprechend dieser Vergangenheit diente dieser Zahlenwert auch als Produktionsvorgabe: Exakt 1.960 Fahrzeuge wurden vom Boxster S „RS 60 Spyder“ gebaut.

Diese Exklusivität hatte ihren Preis, denn das Sondermodell war ungefähr 10.000 Euro teurer als der serienmäßige Boxster S. Dafür wartete es mit vielen Dingen auf, die beim Serienfahrzeug gesondert zu bezahlen waren: PASM, Naturleder-Komplettausstattung, Distanzscheiben und anderes mehr relativierten den Mehrpreis wieder. Ohnehin war es eine andere Verlockung, die Käufern das Fahrzeug so schmackhaft machte: Der Boxster S „RS 60 Spyder“ war leistungsgesteigert und erreichte 303 PS. Damit war er der erste „kleine Porsche“, der die 300-PS-Grenze übersprang (abgesehen von dem 305 PS starken und zu Motorsportzwecken gebauten 968 Turbo S).

Im Herbst 2008 bot Porsche ein weiteres Mal ein 303-PS-Modell an: den Boxster S „Porsche Design Edition 2“. Er war auf 500 Exemplare limitiert und kostete mit 65.539 Euro sogar 300 Euro weniger als ein Jahr zuvor der Boxster S „RS 60 Spyder“.

Boxster 2.9 (987) 2009

Äußerlich fast nicht zu unterscheiden: die überarbeiteten Fahrzeuge der Boxster-Baureihe 987.

Ende 2008 unterzog Porsche die Boxster-Reihe jener Modellüberarbeitung, die eine technische Angleichung des Roadsters an den 911 Carrera bewirkte. Und ähnlich wie auch dort war die Weiterentwicklung äußerlich kaum wahrzunehmen: Auch hier waren es am ehesten die Rückleuchten, die durch den „Unterschwung" das Facelift verrieten. Marginale Änderungen an der Bugpartie – unter anderem LED-Tagfahrleuchten – waren weitere kleine Indizien, während am Gesamtkonzept des Zweisitzers natürlich nichts geändert wurde. Auch preislich legte der Boxster nur geringfügig zu und kostete fortan 46.142 Euro.

Zuwachs erhielt dagegen der Hubraum. Er kletterte von den zehn Jahre lang angebotenen 2,7 Litern auf 2,9 Liter. Das Triebwerk war völlig neu entwickelt und wies auch ein neues Hub-Bohrungs-Verhältnis auf. Mit 255 PS kletterte die Leistung im Vergleich zum Vorgänger um zehn PS, das Drehmoment um 17 auf 290 Newtonmeter. Diese Entwicklungsstufe fiel entsprechend moderat aus, zumal das neue Aggregat nicht mit der zu diesem Zeitpunkt sonst überall eingeführten Benzindirekteinspritzung ausgestattet wurde.

Dafür konnten sich Boxster-Fahrer über das optionale 7-Gang-PDK-Getriebe freuen, während serienmäßig endlich eine 6-Gang-Schaltung zum Einsatz kam. Das PDK-Getriebe half entscheidend mit, die Performance zu verbessern und den Verbrauch zu senken. Im Mittel konsumierte der Boxster nun 8,9 Liter – ein respektabler Wert für einen reinrassigen Sportwagen mit 263 km/h Topspeed.

TECHNISCHE DATEN	
Produktion	seit 2009
Stückzahl	in Produktion
Karosserie	2-sitziger Roadster
L x B x H (mm)	4.342 x 1.801 x 1.292
Radstand (mm)	2.415
Leergewicht (kg)	1.335
Motoranordnung	Mitte
Antrieb	Heck
Bauform Motor	Boxer
Zylinder	6
Hubraum (cm^3)	2.893
Bohrung x Hub (mm)	89,0 x 77,5
Leistung (PS)	255
Drehmoment (Nm)	290
V_{max} (km/h)	263 (261)*
0–100 km/h (s)	5,9 (5,8)*

* mit PDK

2009 Boxster S 3.5 (987)

Souverän: Auch 17 Jahre nach der ersten Studie hatte das Design nichts an Faszination verloren.

TECHNISCHE DATEN	
Produktion	seit 2009
Stückzahl	in Produktion
Karosserie	2-sitziger Roadster
L x B x H (mm)	4.342 x 1.801 x 1.292
Radstand (mm)	2.415
Leergewicht (kg)	1.335
Motoranordnung	Mitte
Antrieb	Heck
Bauform Motor	Boxer
Zylinder	6
Hubraum (cm^3)	3.436
Bohrung x Hub (mm)	97,0 x 77,5
Leistung (PS)	310
Drehmoment (Nm)	360
V_{max} (km/h)	274 (272)*
0–100 km/h (s)	5,3 (5,2)*

* mit PDK

Auf der Los Angeles Motor Show stellte Porsche im November 2008 den weiterentwickelten Boxster S vor, der ab Februar 2009 ausgeliefert wurde. Parallel zum Basis-Boxster erhielt er ein marginal verändertes Outfit und eine signifikant überarbeitete Technologie. Dazu gehörte beim Boxster S ein völlig neu konstruierter Boxermotor, dessen Hubraum den Vorgänger gerade einmal um 49 Kubikzentimeter überbot. Trotzdem war der Entwicklungssprung gewaltig, denn erstmals kam nun die zeitgemäße Benzindirekteinspritzung zum Einsatz – im Gegensatz zum ebenfalls neu entwickelten Boxster-Basistriebwerk.

Das neue Aggregat erreichte 310 PS und machte damit den Boxster S zum definitiv stärksten „kleinen Porsche" aller Zeiten. Und ganz nebenbei hatte er außerdem auch das Leistungsniveau eines zehn Jahre alten 911 Carrera erreicht. Mit 360 Newtonmetern Drehmoment besaß der Motor auch jenen Schub, der „S"-Fahrer über jeden Zweifel erhaben werden ließ: In lediglich 5,3 Sekunden sprintete ein Boxster S mit 6-Ganggetriebe auf Tempo 100. Kombiniert mit dem optional erhältlichen PDK-Getriebe schaffte es der Roadster im Sportmodus sogar in glatten 5,0 Sekunden.

Auch andere Technologien des neuen 911 Carrera fanden sich im Boxster S wieder. Das neue Multimediasystem war genauso an Bord wie belüftete Sitze, „Launch Control" oder das weiter entwickelte Aktiv-Fahrwerk. Gleichzeitig hatte der Boxster S allerdings mit einem Grundpreis von 55.781 Euro auch ein neues Preishoch erreicht.

Boxster Spyder (987) 2009

Lange war darüber spekuliert worden, ob Porsche auf Basis des Boxster einen würdigen Speedster-Nachfolger aufbauen würde – angesichts der Gene des Mittelmotor-Sportlers eine nahe liegende Idee. Nach zwei halbherzigen Versuchen in Gestalt der Sondermodelle „50 Jahre 550 Spyder“ und „RS 60 Spyder“ präsentierten die Schwaben im Dezember 2009 auf der Los Angeles Motor Show die ultimative Antwort: den Boxster Spyder.

Auch ohne den Namenszusatz Speedster machte er dessen Grundprinzip alle Ehre. Die im Vergleich zum Boxster niedrigeren Scheiben verliehen ihm die typische Speedster-Kontur. Dazu trug auch das einfache, weit nach hinten reichende Verdeck entscheidend mit bei. Es war ausschließlich als schneller Wetterschutz konzipiert, nicht als „Alltagsdach“. Ein weiteres auffälliges Merkmal waren die beiden Hutzen hinter den Sitzen, die eine stilistische Anleihe vom Carrera GT waren. Optisch fiel überdies der feststehende Heckflügel auf.

Technisch baute der Boxster Spyder erwartungsgemäß auf dem Boxster S auf, besaß allerdings 10 PS mehr als dieser. Zugleich war er um gut 80 Kilogramm leichter, was vor allem auf den Verzicht von Komfortelementen und das fehlende gefütterte Elektroverdeck zurückzuführen war. Wegen seiner schlechteren Aerodynamik musste sich der Boxster Spyder aber bei der Höchstgeschwindigkeit geschlagen geben und konnte nur beim Spurt auftrumpfen – vor allem in der PDK-Version. Dafür verlangte Porsche mit 63.404 Euro satte 7.000 Euro Aufpreis gegenüber dem Boxster S.

Zurück in die Vergangenheit: Der Boxster Spyder griff die Idee des 550 Spyder (Seite 23) auf.

TECHNISCHE DATEN	
Produktion	seit 2009
Stückzahl	in Produktion
Karosserie	2-sitziger Roadster
L x B x H (mm)	4.342 x 1.80[illegible] x 1.231
Radstand (mm)	2.415
Leergewicht (kg)	1.350
Motoranordnung	Mitte
Antrieb	Heck
Bauform Motor	Boxer
Zylinder	6
Hubraum (cm³)	3.436
Bohrung x Hub (mm)	97,0 x 77,5
Leistung (PS)	320
Drehmoment (Nm)	370
V_{max} (km/h)	267 (265)*
0–100 km/h (s)	5,1 (5,0)*

* mit PDK

2005 Cayman S (987)

Aus einem mach zwei: Neun Jahre nach seinem Debüt bekam der Boxster einen Bruder mit Dach.

TECHNISCHE DATEN	
Produktion	2005–2008
Stückzahl	27.040
Karosserie	2-sitziges Coupé
L x B x H (mm)	4.341 x 1.801 x 1.305
Radstand (mm)	2.415
Leergewicht (kg)	1.340
Motoranordnung	Mitte
Antrieb	Heck
Bauform Motor	Boxer
Zylinder	6
Hubraum (cm³)	3.386
Bohrung x Hub (mm)	96,0 x 78,0
Leistung (PS)	295
Drehmoment (Nm)	340
V_{max} (km/h)	275
0–100 km/h (s)	5,4

Lange war darüber spekuliert worden, ob auch die Boxster-Baureihe ausbaufähig wäre. Denn zum kommerziellen Erfolg des 911 trug entscheidend sein breites Spektrum verschiedener Modellversionen bei. Erst auf der IAA 2005 beantwortete Porsche die Frage und präsentierte ein Coupé auf Basis des 987. Die Produktstrategen erwiesen sich dabei als besonders einfallsreich: Weil „Boxster Coupé" ohnehin kein sehr ansprechender Name gewesen wäre, bekam der Neue die Bezeichnung Cayman.

Ungewöhnlich war seine Positionierung im Modellprogramm: Während üblicherweise ein Coupé niedriger eingepreist wird, erlaubte sich Porsche beim Cayman einen zehnprozentigen Preisaufschlag gegenüber dem Boxster. Mit einem Grundpreis von 58.529 Euro sollte das Coupé damit zu einer Art Bindeglied zwischen Einstiegs-Roadster und 911 werden.

Zu diesem Zweck hatten die Porsche-Techniker das 3,4-Liter-Triebwerk des Boxster S um 15 PS stärker gemacht, das damit 295 PS leistete. Das reichte für eine Höchstgeschwindigkeit von 275 km/h und einen Sprint von 0 auf 100 km/h in 5,4 Sekunden. Der 30 PS stärkere 911 Carrera konnte diese Werte zwar jeweils klar über- bzw. unterbieten, sah sich aber trotzdem einer internen Konkurrenz ausgesetzt: Weil der Cayman S rund 100 Kilogramm leichter war und über den günstig platzierten Mittelmotor verfügte, war er unterm Strich das dynamischere Fahrzeug. Positiv machte sich hier auch der längere Radstand des 987 bemerkbar, der den Cayman weniger „nervös" machte.

Cayman (987) 2006

Nach noch nicht einmal einem Jahr schob Porsche den Basis-Cayman nach, der im Sommer 2006 vorgestellt wurde. Äußerlich unterschied er sich im Wesentlichen durch das einflutige, mittige Abgasendrohr („S“: mittiges Doppelrohr) und die normale, schwarze Bremsanlage („S“: größer dimensioniert in Rot). Serienmäßig rollte er auf 17-Zoll-Rädern, konnte aber auf Wunsch auch mit den „S“-Rädern (18 Zoll) ausgestattet werden.

Feinschliff am 2,7-Liter-Triebwerk sorgte dafür, dass der Cayman fünf PS stärker als der Boxster war – ein Vorsprung, den der Boxster aber im Folgejahr egalisierte. In Kombination mit seinem Leergewicht von exakt 1.300 Kilogramm erwies sich auch der Basis-Cayman als außergewöhnlich fahraktives Auto. Auch das optionale PASM passte gut zum Charakter des Fahrzeugs. Wer überdies das serienmäßige 5-Ganggetriebe gegen das sechsstufige Bauteil tauschte, konnte die Höchstgeschwindigkeit von 258 auf 260 km/h anheben. Für den Sprint auf Tempo 100 benötigte der Zweisitzer 6,1 Sekunden – ein Wert, der nicht ganz den Hoffnungen der Fans entsprach.

Anders als der Boxster besaß der Cayman einen ausfahrbaren Spaltflügel, der ihm ein ungleich dynamischeres Gesamtbild verlieh. Trotz aller Performance-Aspekte konnte das Coupé auch mit praktischen Vorteilen aufwarten. Dazu gehörte vor allem seine Heckklappe, die einen 260 Liter großen Kofferraum freigab. In Kombination mit dem Frontabteil erreichte der 47.647 Euro teure Cayman damit ein Gesamtfassungsvermögen von 410 Litern.

Gut erkennbar: Auch von vorne waren Boxster und Cayman klar voneinander zu unterscheiden.

TECHNISCHE DATEN	
Produktion	2006–2008
Stückzahl	16.015
Karosserie	2-sitziges Coupé
L x B x H (mm)	4.341 x 1.801 x 1.305
Radstand (mm)	2.415
Leergewicht (kg)	1.300
Motoranordnung	Mitte
Antrieb	Heck
Bauform Motor	Boxer
Zylinder	6
Hubraum (cm³)	2.687
Bohrung x Hub (mm)	85,5 x 78,0
Leistung (PS)	245
Drehmoment (Nm)	273
V_{max} (km/h)	258 (260*)
0–100 km/h (s)	6,1

* mit 6-Ganggetriebe

2008 Cayman S „Sport“ (987)

Knallig: Der Cayman S „Sport“ war auch für seine bunten, vom 911 GT3 abgeleiteten Farben bekannt.

TECHNISCHE DATEN	
Produktion	2008
Stückzahl	700 (plus 777 Design Ed.)
Karosserie	2-sitziges Coupé
L x B x H (mm)	4.341 x 1.801 x 1.305
Radstand (mm)	2.415
Leergewicht (kg)	1.340
Motoranordnung	Mitte
Antrieb	Heck
Bauform Motor	Boxer
Zylinder	6
Hubraum (cm^3)	3.386
Bohrung x Hub (mm)	96,0 x 78,0
Leistung (PS)	303
Drehmoment (Nm)	340
V_{max} (km/h)	276
0–100 km/h (s)	5,4

Zu Jahresbeginn 2008 bot Porsche seinen Kunden das Sondermodell Cayman S „Porsche Design Edition 1“ an. Dabei handelte es sich allerdings nur um eine stilistisch verfeinerte und mit einer besonders reichhaltigen Ausstattung versehene Sonderserie, die auf 777 Einheiten limitiert war.

Im Herbst des gleichen Jahres – kurz vor der zu erwartenden Modellüberarbeitung der Baureihe – stellte Porsche ein weiteres Sondermodell auf Basis des Cayman S vor: den Cayman S „Sport“. Diesmal war auch die Technik einer Überarbeitung unterzogen worden, weshalb das Fahrzeug bei Fans mehr Aufmerksamkeit geschenkt bekam. Es war auf 700 Einheiten begrenzt und kostete 69.942 Euro.

Durch Feinarbeit und vor allem durch die Verwendung einer Sportabgasanlage stieg die Leistung des 3,4 Liter großen Boxermotors auf 303 PS. Wichtiger als die marginal verbesserten Fahrleistungen war für viele Käufer aber der „psychologische Gewinn“, ein Fahrzeug mit über 300 PS zu besitzen.

Zum Konzept des Cayman S „Sport“ gehörte ein ganz besonderes Farbspektrum. Es setzte auf die knalligen Farbtöne, die vom 911 GT3 bekannt waren – allen voran leuchtendes Grün oder Orange. Beim Einstieg in den Innenraum empfing die Passagiere eine entsprechende „Sport“-Einstiegsleiste aus Aluminium, bevor sie sich an der deutlich erweiterten Serienausstattung des Sondermodells erfreuen konnten. Zu den weiteren Besonderheiten zählte, dass im Cayman S „Sport“ die kuppelartige Hutze über den Rundinstrumenten weggelassen worden war.

Cayman 2.9 (987) 2009

In Los Angeles präsentierte Porsche kurz vor Jahresende 2008 die überarbeitete Cayman-Baureihe. Äußerlich fiel dieser Schritt etwas deutlicher aus als bei der zeitgleich stattfindenden Boxster-Überarbeitung: Neben den neu gestalteten Rückleuchten mit „Unterschwung" bekam die Cayman-Reihe auch eine sichtbare Modifikation im Bugbereich: Parallel zur Einführung des LED-Tagfahrlichts verschwand die markante Anordnung der Positionslichter, die bis dahin mittels einer lackierten Querstrebe vor den Lüftungseinlässen platziert waren. Stattdessen waren sie jetzt unscheinbar an den Rand gerutscht.

Der Hubraum des Boxermotors wuchs von 2,7 auf 2,9 Liter, ohne dass parallel dazu die neue Benzindirekteinspritzung zum Einsatz kam. Allerdings besannen sich die Porsche-Techniker darauf, dass der Cayman ursprünglich stärker war als der Boxster. So leistete das Triebwerk im Coupé mit 265 PS jetzt wieder zehn PS mehr als im Roadster. Weil nun endlich auch das 6-Ganggetriebe zum Serienumfang gehörte, war der Basis-Cayman 265 km/h schnell.

Neu war die Option des PDK-Getriebes. Wer fortan die Gänge per Schaltwippen und Doppelkupplung wählte, musste zwar leichte Einbußen in der Höchstgeschwindigkeit hinnehmen, konnte aber schneller beschleunigen: Waren es mit konventionellem Getriebe 5,8 Sekunden, schaffte es PDK in 5,7, in Verbindung mit der „Launch Control" sogar in 5,5 Sekunden – also deutlich kürzer, als der 20 PS schwächere Cayman 2.7 gebraucht hatte.

Leicht verändert: Die Silhouette blieb erhalten, die Heckleuchten wurden überarbeitet.

TECHNISCHE DATEN	
Produktion	seit 2009
Stückzahl	in Produktion
Karosserie	2-sitziges Coupé
L x B x H (mm)	4.347 x 1.801 x 1.304
Radstand (mm)	2.415
Leergewicht (kg)	1.330
Motoranordnung	Mitte
Antrieb	Heck
Bauform Motor	Boxer
Zylinder	6
Hubraum (cm³)	2.893
Bohrung x Hub (mm)	89,0 x 77,5
Leistung (PS)	265
Drehmoment (Nm)	300
V_{max} (km/h)	265 (263*)
0–100 km/h (s)	5,8 (5,7*)

* mit PDK

2009 Cayman S 3.5 (987)

Nicht mehr so markant: Der Cayman verlor mit der Modellüberarbeitung an Eigenständigkeit.

TECHNISCHE DATEN	
Produktion	seit 2009
Stückzahl	in Produktion
Karosserie	2-sitziges Coupé
L x B x H (mm)	4.347 x 1.801 x 1.306
Radstand (mm)	2.415
Leergewicht (kg)	1.350
Motoranordnung	Mitte
Antrieb	Heck
Bauform Motor	Boxer
Zylinder	6
Hubraum (cm³)	3.436
Bohrung x Hub (mm)	97,0 x 77,5
Leistung (PS)	320
Drehmoment (Nm)	370
V_{max} (km/h)	277 (275*)
0–100 km/h (s)	5,2 (5,1*)

* mit PDK

Zu Jahresbeginn 2009 war auch eine überarbeitete Version des Cayman S lieferbar. Die Weiterentwicklung betraf vor allem die Technik. So kam ein neu entwickelter Boxermotor zum Einsatz, dessen Gesamthubraum zwar nur unwesentlich über die bisherige 3,4-Liter-Marke rutschte, der aber im Detail ganz neue Abmessungen hatte. Außerdem setzte er nun auch auf die Benzindirekteinspritzung. Die Summe aller Maßnahmen ließ den Cayman S auf stolze 320 PS erstarken – zehn PS mehr, als der ebenfalls überarbeitete Boxster S besaß. Doch das neue Kraftstoffsystem war nicht nur für mehr Leistung gut, sondern auch für geringeren Verbrauch und weniger Emissionen.

Weiterhin wurde der Cayman S serienmäßig mit einem 6-Ganggetriebe bestückt. Mit ihm beschleunigte der Zweisitzer in 5,2 Sekunden auf Tempo 100. Wer sich allerdings für das erstmals im Cayman erhältliche PDK-Getriebe entschied, konnte noch schneller spurten: Unter Ausnutzung aller Möglichkeiten war der 100er-Spurt in 4,9 Sekunden möglich – ein atemberaubender Wert für einen „kleinen Porsche". Die Verwendung des Doppelkupplungsgetriebes verbesserte zudem den Verbrauch weiter, reduzierte allerdings leicht die Höchstgeschwindigkeit des ansonsten 277 km/h schnellen Coupés.

Äußerlich war dem Cayman S die Modellüberarbeitung kaum anzusehen. Neue Rückleuchten und eine sanft überarbeitete Bugpartie waren die einzigen Indizien. Allerdings hatte Porsche die Preise auch nur geringfügig angehoben: So kostete der Cayman S jetzt 61.493 Euro, rund 12.000 Euro mehr als der neue Cayman.

Panamera S 2009

Nach langer Vorbereitungsphase präsentierte Porsche im April 2009 in Shanghai den Panamera, die erste Limousine des Hauses. Das Fahrzeug war eine völlige Neuentwicklung, auch wenn vor dem Hintergrund des Zusammenrückens mit dem Volkswagen-Konzern einzelne Komponenten übernommen wurden. Vor allem aber herrschte reger Technologieaustausch zwischen Panamera und Cayenne – zum Beispiel bei den Triebwerken. Nicht ohne Grund entstand auch die neue Limousine im Werk Leipzig, während die Karosserien bei VW in Hannover produziert wurden.

Die neue Baureihe überraschte mit ihren Proportionen. Dazu zählte der ungewöhnlich lange Radstand, der für Richtungsstabilität und gute Platzverhältnisse im Innenraum sorgte. Noch ungewöhnlicher für das Segment der Luxusautomobile war allerdings die Fließheck-Lösung, denn die Panamera-Baureihe verfügte über eine große Heckklappe. Unter ihr ließen sich 445 Liter Gepäck verstauen, bei umgelegten Rücksitzen sogar 1.263 Liter.

Der Panamera S wurde – zunächst als Einstiegsmodell – von dem 4,8 Liter großen V8-Saugmotor aus dem Cayenne S angetrieben, der in diesem Fall allerdings 400 PS leistete. Serienmäßig verfügte der „S“ über ein manuelles 6-Ganggetriebe, das die meisten Kunden allerdings gegen das PDK tauschten. Dabei war gerade die Kombination aus Heckantrieb und manueller Schaltung ein besonders agiles Paket mit hohem Spaßfaktor. In Anbetracht der Verbrauchs- und Performance-Vorteile war das PDK aber sicher die vernünftigere Wahl.

Ungewöhnlich für eine Luxuslimousine: das Fließheck mit der großen Heckklappe.

TECHNISCHE DATEN	
Produktion	seit 2009
Stückzahl	in Produktion
Karosserie	4-sitzige Limousine
L x B x H (mm)	4.970 x 1.931 x 1.418
Radstand (mm)	2.920
Leergewicht (kg)	1.770 (1.800*)
Motoranordnung	Front
Antrieb	Heck
Bauform Motor	V
Zylinder	8
Hubraum (cm³)	4.806
Bohrung x Hub (mm)	96,0 x 83,0
Leistung (PS)	400
Drehmoment (Nm)	500
V_{max} (km/h)	285 (283*)
0–100 km/h (s)	5,6 (5,4*)

* mit PDK

2009 Panamera 4S

Lange Linie: Die flache Silhouette sorgt mit dem langen Radstand für ungewohnte Proportionen.

TECHNISCHE DATEN	
Produktion	seit 2009
Stückzahl	in Produktion
Karosserie	4-sitzige Limousine
L x B x H (mm)	4.970 x 1.931 x 1.418
Radstand (mm)	2.920
Leergewicht (kg)	1.860
Motoranordnung	Front
Antrieb	Allrad
Bauform Motor	V
Zylinder	8
Hubraum (cm³)	4.806
Bohrung x Hub (mm)	96,0 x 83,0
Leistung (PS)	400
Drehmoment (Nm)	500
V_{max} (km/h)	282
0–100 km/h (s)	5,0

Schon Ende der 1970er-Jahre hatte man bei Porsche mit dem Gedanken gespielt, eine viertürige Limousine zu fertigen. Zum damaligen Zeitpunkt entstanden allerdings nur einige wenige Einzelstücke auf Basis des 928 – darunter ein Fahrzeug für Ferry Porsche. Auch der zweite Anlauf Anfang der 1990er-Jahre schlug fehl, weil seinerzeit die Kosten für eine Neuentwicklung den wirtschaftlichen Gesamtrahmen bei Weitem sprengten. Erst nach der erfolgreichen Unternehmenssanierung rund um die Jahrtausendwende wurde es möglich, den Panamera als vierte Baureihe einzuführen.

Porsche setzte dabei einmal mehr auf das Prinzip der Diversifizierung mit unterschiedlichen Antriebsvarianten. Entsprechend stellte der Panamera 4S die höchste Ausbaustufe unter den Saugmotorversionen dar. Optisch unterschied er sich praktisch nicht vom heckgetriebenen Panamera S, war aber satte 90 Kilogramm schwerer. Das war nicht nur dem Allradantrieb geschuldet, sondern auch dem serienmäßigen PDK-Getriebe.

Wie effizient das Doppelkupplungsgetriebe arbeitete, zeigte der Vergleich zwischen „S" und „4S" eindrucksvoll. Gleich stark, aber merklich schwerer hängte der Panamera 4S den „S" beim Beschleunigen auf Tempo 100 trotzdem um 0,6 Sekunden ab und benötigte lediglich glatte 5,0 Sekunden. Mit 282 km/h lag er dagegen bei der Höchstgeschwindigkeit nur um 3 km/h zurück.

Mit 102.251 Euro war er allerdings auch knapp 8.000 Euro teurer als der Hecktriebler, wobei die Kosten für das PDK den Aufpreis schrumpfen ließen.

Panamera Turbo 2009

Versuchtes Profil: Ziel der Designer war es, viel vom 911 in die Frontpartie zu übernehmen.

Als Spitzenmodell der neuen Baureihe debütierte zeitgleich mit den beiden Saugmotorversionen der Panamera Turbo. Auch er besaß das vom Cayenne Turbo bekannte Aggregat, das exakt 500 PS stark war. Zwar war auch der fast fünf Meter lange Panamera Turbo mit 1.970 Kilogramm kein Leichtgewicht, doch immerhin deutlich leichter als der Geländewagen. Darum sorgte die Motorleistung auch dafür, dass der „Turbo" über 303 km/h schnell war. Gleichzeitig bewirkten 700 Newtonmeter Drehmoment in Kombination mit dem serienmäßigen PDK-Getriebe, dass lediglich 4,2 Sekunden vergingen, bevor die allradgetriebene Sportlimousine Tempo 100 erreichte.

Überhaupt hatte Porsche die gesamte Baureihe mit dem Anspruch entwickelt, die höchste Fahrdynamik im Segment zu bieten. Tatsächlich war die Performance des Panamera mehr beim 911 als beim Cayenne angesiedelt. Dabei hatte Porsche noch nicht einmal das letzte Quäntchen Dynamik mobilisiert, wie beispielsweise die konservative Position des Triebwerks auf der Vorderachse bewies.

Mit einer Reihe kleinerer Merkmale differenzierte sich der 135.154 Euro teure „Turbo" von den Saugmotormodellen. Dazu gehörte ein Heckspoiler, der im Unterschied zu „S" und „4S" nicht nur ausfuhr und dessen Position in Abhängigkeit von der Geschwindigkeit variabel war, sondern der sich auch entfaltete und breiter wurde. Daneben unterschieden sich zudem Front- und Heckpartie, etwa durch die Anzahl und die Größe der Kühleröffnungen oder die Form der Abgasendrohre. Sie waren beim Panamera Turbo eckig.

TECHNISCHE DATEN	
Produktion	seit 2009
Stückzahl	in Produktion
Karosserie	4-sitzige Limousine
L x B x H (mm)	4.970 x 1.931 x 1.418
Radstand (mm)	2.920
Leergewicht (kg)	1.970
Motoranordnung	Front
Antrieb	Allrad
Bauform Motor	V
Zylinder	8
Hubraum (cm³)	4.806
Bohrung x Hub (mm)	96,0 x 83,0
Leistung (PS)	500
Drehmoment (Nm)	700
V_{max} (km/h)	303
0–100 km/h (s)	4,2

2010 Panamera

Einstieg geschafft: Ein gutes halbes Jahr nach dem Baureihen-Debüt folgte der Panamera mit V6-Motor.

TECHNISCHE DATEN	
Produktion	seit 2010
Stückzahl	in Produktion
Karosserie	4-sitzige Limousine
L x B x H (mm)	4.970 x 1.931 x 1.418
Radstand (mm)	2.920
Leergewicht (kg)	1.730 (1.760*)
Motoranordnung	Front
Antrieb	Heck
Bauform Motor	V
Zylinder	6
Hubraum (cm³)	3.605
Bohrung x Hub (mm)	k.A.
Leistung (PS)	300
Drehmoment (Nm)	400
V_{max} (km/h)	261 (259*)
0–100 km/h (s)	6,8 (6,3*)

* mit PDK

Ein halbes Jahr nach Markteinführung der Panamera-Baureihe legte Porsche im Frühjahr ein Basismodell auf. Es besaß einen neu entwickelten V6-Saugmotor mit Benzindirekteinspritzung, dessen Leistungswerte kaum gestiegen waren. Aus 3,6 Liter Hubraum schöpfte er 300 PS und 400 Newtonmeter Drehmoment. Das reichte immerhin für Tempo 261 und einen Sprint der 1,7-Tonnen-Limousine auf 100 km/h in 6,8 Sekunden. Ausgerüstet mit dem PDK-Getriebe ließ sich dieser Wert aber auf 6,1 Sekunden drücken.

Der 75.899 Euro teure Panamera wies alle Merkmale auf, die für die Baureihe charakteristisch waren. Neben der großen Heckklappe war das ein modernes, für Porsche aber eher ungewohntes Interieur mit völlig neuen Bedienkonzepten. Wie alle Fahrzeuge der Serie war auch der Basis-Panamera ausschließlich als Viersitzer erhältlich, wobei sich speziell die Fondpassagiere über ein großzügiges Raumangebot und ein komfortorientiertes Ambiente freuen konnten. Überhaupt merkte man der vierten Porsche-Baureihe an, dass das Wettbewerbsumfeld stark ausstattungsorientiert war. Porsche beherzigte diese Kundenwünsche, zum Beispiel mit einem Soundsystem aus der Edelmanufaktur Burmester. Auch die Luftfederung des Cayenne fand sich hier wieder. Selbst ein radargesteuerter Tempomat konnte gegen Aufpreis mitbestellt werden, während der bei Porsche erstmals genutzte Knie-Airbag Bestandteil der Serienausstattung war. Selbst Optionen wir ein schlüsselloser Fahrzeugzugang oder die vom Cayenne bekannte elektrische Heckklappe fehlten nicht.

Ein Jahr, nachdem die Panamera-Baureihe auf der Messe „Auto China" debütiert hatte, stellte Porsche ein zusätzliches Einstiegsmodell vor. Neben dem heckgetriebenen Panamera wurde das Programm durch den allradgetriebenen Panamera 4 komplettiert. Beide Modelle teilten sich den neuen V6-Motor mit 3,6 Liter Hubraum, der 300 PS leistete. Wie auch alle anderen 4x4-Modelle der Baureihe entsprach das Allradsystem des Panamera 4 dem neuesten Stand des Hauses und enthielt das besonders agile Porsche Traction Management (PTM).

Anders als die heckgetriebene Version war der Panamera 4 ausschließlich mit PDK-Getriebe erhältlich, was seinen Preis von 84.110 Euro (ein Mehrpreis von rund 8.000 Euro) relativierte. Wie in allen Fahrzeugen der Baureihe, die über das Doppelkupplungsgetriebe verfügten, hatte auch die V6-Variante die Auto-Start-Stopp-Funktion an Bord. Diese für Porsche neuartige Technologie war bereits 2009 in der Baureihe eingeführt worden und sorgte dafür, dass im Stillstand der Fahrzeugmotor automatisch aus- und bei Druck auf das Gaspedal wieder anging. Diese Vorgehensweise trug entscheidend zu den guten Verbrauchswerten bei, die für den Panamera 4 bei 9,6 Litern lagen.

Insgesamt polarisierte das Panamera-Design sehr, das zwar bewusst sehr schnittig, aber nicht typisch für eine Limousine war. Um wenigstens die Wahrnehmung als Porsche sicherzustellen, erhielten alle Panamera-Modelle einen Porsche-Schriftzug ans Heck – ein Merkmal, das bei Porsche über viele Jahre hinweg verschwunden war.

Nur mit PDK erhältlich: Die Allradmodelle des Panamera waren alle nicht konventionell zu schalten.

TECHNISCHE DATEN	
Produktion	seit 2010
Stückzahl	in Produktion
Karosserie	4-sitzige Limousine
L x B x H (mm)	4.970 x 1.931 x 1.418
Radstand (mm)	2.920
Leergewicht (kg)	1.820
Motoranordnung	Front
Antrieb	Allrad
Bauform Motor	V
Zylinder	6
Hubraum (cm³)	3.605
Bohrung x Hub (mm)	k.A.
Leistung (PS)	300
Drehmoment (Nm)	400
V_{max} (km/h)	257
0–100 km/h (s)	6,1

2010 Cayenne

Neuer Eindruck: Von hinten betrachtet wirkte der Cayenne nicht unbedingt wie ein Porsche.

TECHNISCHE DATEN	
Produktion	seit 2010
Stückzahl	in Produktion
Karosserie	5-sitziger Geländewagen
L x B x H (mm)	4.846 x 1.939 x 1.705
Radstand (mm)	2.895
Leergewicht (kg)	1.995
Motoranordnung	Front
Antrieb	Allrad
Bauform Motor	V
Zylinder	6
Hubraum (cm^3)	3.598
Bohrung x Hub (mm)	89,0 x 96,4
Leistung (PS)	300
Drehmoment (Nm)	400
V_{max} (km/h)	230
0–100 km/h (s)	7,5

Nach acht Jahren Bauzeit debütierte auf dem Genfer Salon 2010 die zweite Generation des Cayenne. Die Entwicklung war auf den ersten Blick offenkundig: Der Neue wirkte ungleich sportlicher und agiler und hatte seinen wuchtigen Auftritt abgelegt. Zugleich rückte er optisch enger an 911 und Panamera, wozu vor allem die Scheinwerfergrafik ganz wesentlich beitrug. Spontan konnte man außerdem den Eindruck gewinnen, der zweite Cayenne wäre kleiner geworden. Doch das Gegenteil war der Fall: Die Karosserie wurde um 48 Millimeter länger, um elf Millimeter breiter und um unbedeutende sechs Millimeter höher.

Dieses „Mehr" kam unter anderem auch dem Gepäckabteil zugute, dessen Größe zuvor oft kritisiert worden war: Mit 670 Litern (ein Plus von 130 Litern) erreichte es eine neue Klasse. Obwohl die Baureihe sowohl bei der Größe als auch bei der Ausstattung zulegte, wurde sie deutlich wirtschaftlicher. Im Fall des Basis-Cayenne sank der Verbrauch im Mittel auf 11,2 Liter. Eine dicke Überraschung hielt allerdings die Tiptronic-Version parat: Mit ihr schafften es die Ingenieure, den Durchschnittsverbrauch sogar auf 9,9 Liter zu drücken.

Als Antriebsquelle diente dem Cayenne weiterhin der 3,6-Liter-V6-Motor. Dieser war nun auf 300 PS erstarkt und sorgte dafür, dass der 55.431 Euro teure Geländewagen eine Höchstgeschwindigkeit von 230 km/h erreichte, unabhängig vom Getriebe. Auch die Beschleunigung in 7,5 Sekunden auf Tempo 100 war eine spürbare Verbesserung gegenüber dem Vorgänger.

Das Plus an Dynamik: In der Seitensicht waren die Fortschritte am deutlichsten zu erkennen.

Zeitgleich mit den anderen neuen Cayenne-Modellen wurde im Frühjahr 2010 auch der Cayenne S vorgestellt. Systematisch war vieles beim Alten geblieben: So besaß auch der neue „S" einen V8-Saugmotor und Allradantrieb. Neu war allerdings, dass er ausschließlich mit Tiptronic und nicht mehr mit konventioneller Handschaltung erhältlich war. Im Detail zeigte sich die Technik indes trotzdem gereifter: So leistete das bekannte 4,8-Liter-Triebwerk jetzt glatte 400 PS und erreichte ein maximales Drehmoment von 500 Newtonmetern – jene Werte, die das Aggregat auch im Panamera S besaß.

Verbessert zeigte sich überdies auch die Allradtechnik. Erstmals kam ein neues System zum Einsatz, bei dem die Hinterräder direkt angetrieben wurden und der Kraftfluss zu den Vorderrädern per Lamellenkupplung situationsabhängig geregelt wurde. Das sorgte für mehr Agilität und senkte gleichzeitig das Gewicht. Die Einbußen bei der Geländetauglichkeit hielten sich dabei in Grenzen, während die fahraktive Komponente deutlich gesteigert wurde. Nur der Cayenne Diesel und der Cayenne S Hybrid mussten weiter die bisherige Technik nutzen.

Das reduzierte Gewicht machte sich beim Cayenne S deutlich bemerkbar, der alleine beim Fahrwerk 33 Kilogramm durch Aluminium-Bauteile abnahm. Insgesamt wurde er 160 Kilogramm leichter, was sich wiederum positiv auf die Fahrleistungen auswirkte. 258 km/h und 5,9 Sekunden bis Tempo 100 machten ihn zum schnellsten Saugmotor-Cayenne – und mit 10,5 Litern auch vergleichsweise sparsam.

TECHNISCHE DATEN	
Produktion	seit 2010
Stückzahl	in Produktion
Karosserie	5-sitziger Geländewagen
L x B x H (mm)	4.846 x 1.939 x 1.705
Radstand (mm)	2.895
Leergewicht (kg)	2.065
Motoranordnung	Front
Antrieb	Allrad
Bauform Motor	V
Zylinder	8
Hubraum (cm³)	4.806
Bohrung x Hub (mm)	96,0 x 83,0
Leistung (PS)	400
Drehmoment (Nm)	500
V_{max} (km/h)	258
0–100 km/h (s)	5,9

2010 Cayenne S Hybrid

Meilenstein: Mit dem neuen Cayenne war erstmals ein Porsche mit Hybridtechnik erhältlich.

TECHNISCHE DATEN	
Produktion	seit 2010
Stückzahl	in Produktion
Karosserie	5-sitziger Geländewagen
L x B x H (mm)	4.846 x 1.939 x 1.705
Radstand (mm)	2.895
Leergewicht (kg)	2.240
Motoranordnung	Front
Antrieb	Allrad
Bauform Motor	V (plus Hybrid)
Zylinder	6
Hubraum (cm³)	2.995
Bohrung x Hub (mm)	84,5 x 89,0
Leistung (PS)	380 (333 + 47 Hybid)
Drehmoment (Nm)	580 (440 + 300 Hybrid)
V_{max} (km/h)	230
0–100 km/h (s)	7,5

Bereits gegen Ende der Bauzeit der ersten Cayenne-Generation war über ein Fahrzeug mit Hybridantrieb spekuliert worden. Doch erst mit dem Erscheinen der zweiten Generation wurde die Kombination aus Elektro- und Verbrennungsmotor ins Modellprogramm aufgenommen. Anders als es die Modellbezeichnung vermuten ließ, basierte der Cayenne S Hybrid nicht auf dem 4,8-Liter-V8-Motor, sondern nutzte einen V6-Motor aus dem VW-Konzern. Dieser besaß 3,0 Liter Hubraum, Benzindirekteinspritzung und einen Kompressor. Das Triebwerk allein leistete 333 PS und stellte 440 Newtonmeter Drehmoment bereit.

Die Elektromaschine des Parallel-Vollhybrids besaß 47 PS und sorgte für eine Gesamtleistung von 380 PS und 580 Newtonmeter – ein Niveau, vergleichbar mit dem des Cayenne S mit V8-Motor. Zum System gehörte eine Batterie, über die zurückgewonnene Bremsenergie gespeichert wurde. Je nach Situation konnte die Energie zum besonders dynamischen Beschleunigen oder zum rein elektrischen Anfahren genutzt werden. Die Kraftsteuerung übernahm dabei eine Trennkupplung mit elektronischer Kontrolleinheit.

Eine Besonderheit des Konzepts stellte der Segel-Modus dar. Er erlaubte, den Hybridantrieb bei Geschwindigkeiten von bis zu 156 km/h zu nutzen, indem beim gleichförmigen Fahren der Verbrennungsmotor abgeschaltet wurde. Kein Wunder, dass der Cayenne Hybrid mit 8,2 Litern einen exzellenten Normverbrauch erreichte, der zudem – anders als bei anderen Hybridfahrzeugen – nicht ausschließlich auf Vorteilen im Stadtverkehr beruhte.

Cayenne Turbo 2010

Als Topmodell stellte Porsche im Frühjahr 2010 den Cayenne Turbo vor. Er war das einzige Fahrzeug der Baureihe, das sich optisch nennenswert hervorhob – wenn auch nicht mehr so deutlich wie der „Turbo" der ersten Generation. Immerhin waren die größeren Lufteinlässe am Bug klar wahrnehmbar, weil beim Cayenne Turbo die LED-Tagfahrscheinwerfer jetzt quer darüber liefen.

Auch wenn sich an den Eckdaten des Triebwerks nominal wenig änderte, so war das Gesamtfahrzeug deutlich weiterentwickelt worden: Mit nach wie vor 4,8 Liter Hubraum, 500 PS und 700 Newtonmeter Drehmoment zeigte sich der Fortschritt vor allem bei der Beschleunigung und beim Verbrauch: Mit 4,7 Sekunden von 0 bis 100 km/h unterbot der Cayenne Turbo sogar den vormals angebotenen Cayenne Turbo S, der immerhin 550 PS stark gewesen war. Außerdem sank im Vergleich zum Vorgänger der Kraftstoffkonsum um satte 23 Prozent.

Wie schon in der Vergangenheit entstand auch die neue Cayenne-Generation in Leipzig und nutzte bei Entwicklung und Produktion den Verbund mit Volkswagen. Allerdings präsentierte sich der neue Porsche-Geländewagen außen wie innen noch eigenständiger als bisher. Vieles, was bereits beim Panamera gezeigt worden war, fand sich jetzt auch hier wieder – beispielsweise das Highend-Audiosystem von Burmester und der radargesteuerte Tempomat. Ganz neu waren dagegen der Spurwechsel-Assistent mit Überwachung des toten Winkels und die geschwindigkeitsabhängige Fahrlichtsteuerung, die im Cayenne Turbo sogar serienmäßig war.

Modifiziert: Der Cayenne Turbo unterstrich seine Sonderstellung durch den großen Frontgrill.

TECHNISCHE DATEN	
Produktion	seit 2010
Stückzahl	in Produktion
Karosserie	5-sitziger Geländewagen
L x B x H (mm)	4.846 x 1.939 x 1.702
Radstand (mm)	2.895
Leergewicht (kg)	2.170
Motoranordnung	Front
Antrieb	Allrad
Bauform Motor	V
Zylinder	8
Hubraum (cm³)	4.806
Bohrung x Hub (mm)	96,0 x 83,0
Leistung (PS)	500
Drehmoment (Nm)	700
V_{max} (km/h)	278
0–100 km/h (s)	4,7

2010 Cayenne Diesel

Zugpferd: Der Cayenne Diesel stieß vor allem in Europa auf großes Interesse bei den Kunden.

TECHNISCHE DATEN	
Produktion	seit 2010
Stückzahl	in Produktion
Karosserie	5-sitziger Geländewagen
L x B x H (mm)	4.846 x 1.939 x 1.705
Radstand (mm)	2.895
Leergewicht (kg)	2.100
Motoranordnung	Front
Antrieb	Allrad
Bauform Motor	V
Zylinder	6
Hubraum (cm³)	2.967
Bohrung x Hub (mm)	83,0 x 91,4
Leistung (PS)	240
Drehmoment (Nm)	550
V_{max} (km/h)	218
0–100 km/h (s)	7,8

Nachdem die erste Generation des Cayenne Diesel zum großen Erfolg für Porsche in Europa geworden war, zögerte das Unternehmen nicht, auch die zweite Baureihe mit einem Selbstzünderaggregat auszustatten. Anders als bei den Ottomotoren wurde in diesem Fall das Triebwerk noch nicht einmal überarbeitet. So besaß auch der neue Cayenne Diesel das 3,0 Liter große V6-Common-Rail-Aggregat mit variabler Turbolader-Geometrie. Neben den fast schon bescheiden wirkenden 240 PS beeindruckte das Triebwerk mit seinen 550 Newtonmeter Drehmoment – ein Wert, der selbst den 400 PS starken V8-Saugmotor in den Schatten stellte.

Das hohe Drehmoment sorgte dafür, dass der Cayenne Diesel mit 7,8 Sekunden von 0 bis 100 km/h fast das gleiche Sprintvermögen besaß wie der 60 PS stärkere Cayenne. Allerdings fiel er mit 218 km/h Höchstgeschwindigkeit zurück, selbst wenn dieser Wert leicht besser als beim Vorgänger war. Spitzenwerte erreichte der Cayenne Diesel dagegen beim Verbrauch: Mit im Mittel 7,4 Litern wurde er zum sparsamsten Porsche aller Zeiten – und das trotz eines Gewichts von 2,1 Tonnen.

Serienmäßig wurde der Cayenne Diesel mit der neu entwickelten Tiptronic mit acht Gängen ausgestattet, die gleichzeitig Voraussetzung für die Auto-Start-Stopp-Funktion war. Zwar hatte das Doppelkupplungsgetriebe PDK seinen Siegeszug bei den Sportwagen längst angetreten, doch für schweres Gelände und Fahren mit Anhängern – zwei typische Cayenne-Stärken – bot ein klassischer Drehmomentwandler mehr Vorteile.

918 Spyder 2010

Mit einer Überraschung reiste Porsche 2010 zum Genfer Autosalon. Denn neben dem ganz neuen Cayenne zeigten die Schwaben ein Concept-Car eines Supersportwagens. Auch wenn vieles an ihm noch futuristisch anmutete, zeigten die Erfahrungen der Vergangenheit (959, Carrera GT), dass nach eingehender Prüfung die Fahrzeuge schließlich doch Realität wurden. Und angesichts des Fahrzeugkonzepts ist es mehr als nur möglich, dass der 918 Spyder einige Jahre später in Serie gehen könnte – wenn auch vielleicht nicht mit allen Technologien, die das Concept-Car enthielt.

Auf den ersten Blick offenbarte der offene Zweisitzer das Zeug zum Supersportwagen: Mittelmotorbauweise, geduckte Silhouette und aerodynamische Raffinessen waren für jedermann ersichtlich. Und so überraschte der Hinweis nicht, dass der 918 Spyder über 320 km/h schnell war. Auch der Umstand, dass in seinem Heck ein 3,4 Liter großer und 500 PS starker V8-Motor mit Hochdrehzahlcharakteristik (9.200 U/min) arbeitete, sorgte nicht so sehr für Aufregung: Vielmehr war es der Plug-in-Hybrid-Antrieb, der die eigentliche Sensation darstellte.

Er erlaubte, bis zu 25 Kilometer rein elektrisch unterwegs zu sein. Zudem bewirkte er auch eine kleinwagenartige CO_2-Emission von 70 Gramm pro Kilometer. Und er war mit seinen 214 PS auch dafür verantwortlich, dass der 918 Spyder in 3,2 Sekunden Tempo 100 erreichte und die Nürburgring-Nordschleife schneller als der Carrera GT umrundete – alles zusammen ideale Voraussetzungen dafür, den 918 Spyder Realität werden zu lassen.

Weg in die Zukunft: 2010 auf dem Genfer Salon, 2011 auf dem Nürburgring und 2013 in Serie?

TECHNISCHE DATEN	
Produktion	noch nicht in Produktion
Stückzahl	noch nicht in Produktion
Karosserie	2-sitziger Roadster
L x B x H (mm)	k.A.
Radstand (mm)	k.A.
Leergewicht (kg)	1.490
Motoranordnung	Mitte
Antrieb	Heck
Bauform Motor	V (plus Hybrid)
Zylinder	8
Hubraum (cm³)	ca. 3.400
Bohrung x Hub (mm)	k.A.
Leistung (PS)	718 (500 + 218 Hybrid)
Drehmoment (Nm)	k.A.
V_{max} (km/h)	über 320
0–100 km/h (s)	3,2

Chronik von 1931 bis 2010

1931 Gründung der „Dr. Ing. h.c. F. Porsche GmbH“ in Stuttgart
1935 Entwicklungsauftrag für den VW Käfer
1948 Das erste Fahrzeug namens Porsche entsteht in Gmünd/Österreich (356)
1949 Anlaufen eines regulären Vertriebs der Porsche-Fahrzeuge von Österreich aus
1950 Umzug nach Stuttgart und Beginn der Produktion in Zuffenhausen
1951 Firmengründer Ferdinand Porsche stirbt am 30. Januar
1951 Erste Teilnahme bei den 24. Stunden von Le Mans
1953 Erster Mittelmotor-Sportwagen (550)
1961 Mit einem eigenen Fahrzeug nimmt Porsche an der Formel 1 teil
1963 Die Produktion der Porsche-Traktoren wird eingestellt
1963 Der 901 wird vorgestellt, der zwei Jahre später zum 911 wird
1965 Fertigung des letzten 356
1969 Porsche kooperiert eng mit Volkswagen. Es entsteht der VW-Porsche (914)
1970 Erster Gesamtsieg für Porsche bei den 24 Stunden von Le Mans (917)
1971 Bau des Entwicklungszentrums in Weissach
1972 Das Unternehmen wird in eine Aktiengesellschaft gewandelt
1973 Der Porsche 917 wird mit 1.100 PS zu einem der stärksten Rennwagen aller Zeiten
1974 Erster Porsche mit Turboantrieb (911 Turbo)
1976 Erster Frontmotor-Sportwagen von Porsche (924)
1977 Erstes Luxuscoupé von Porsche (928)
1982 Porsche stellt einen der erfolgreichsten Rennwagen aller Zeiten vor (956/962)
1984 Mit einem von Porsche entwickelten Motor wird McLaren Formel-1-Weltmeister
1985 Der Supersportwagen 959 wird zum Meilenstein der Porsche-Geschichte
1986 Erstmals richtet Porsche mit dem 944 Turbo Cup einen Markenpokal aus
1988 Erster regulär erhältlicher Porsche mit Allradantrieb (911 Carrera 4)
1992 Wendelin Wiedeking wird Vorstandssprecher bei Porsche und führt das Unternehmen in den folgenden 15 Jahren zu neuen Rekordergebnissen
1993 Das Concept-Car Boxster wird zum Sinnbild der Unternehmenssanierung
1995 Die Ära der Frontmotor-Sportwagen endet (924/928/944/968)
1997 Wegen großer Nachfrage werden Porsche-Fahrzeuge in Finnland produziert
1998 Ferry Porsche stirbt am 27. März
1998 Porsche erringt den bislang letzten Gesamtsieg in Le Mans (911 GT1)
2002 Beginn der Fahrzeugfertigung in Leipzig
2002 Erster Porsche-Geländewagen (Cayenne)
2005 Einstieg von Porsche bei Volkswagen
2009 Übernahme von Porsche durch Volkswagen
2009 Erster Porsche-Pkw mit Dieselantrieb (Cayenne Diesel)
2009 Erste Porsche-Limousine mit vier Türen (Panamera)
2010 Erster Porsche mit Hybridantrieb (Cayenne S Hybrid)

Fahren
Schrauben
Träumen ...
EXPERTEN-WORKSHOP: SO BOHREN SIE RICHTIG
AutoClassic
FAHREN • SCHRAUBEN • TRÄUMEN www.autoclassic.de
Mercedes-Benz W116 280S
Jaguar XJ 6
Luxus-Limousinen bis 10.000 Euro
Komfort und Stil zum kleinen Preis
GROSSE MARKTÜBERSICHT
Oberklasse der 60er und 70er
OPEL COMMODORE
KAUFBERATUNG
VW 411/412
Der große Boxer
PEUGEOT 404 CABRIO/COUPÉ
Seltene Schönheiten
Restaurierungs-Berichte
und umfangreiche
Kaufberatungen
Club-Reportagen,
Werkstatt-Portraits,
Termine und Kleinanzeigen
Und wie immer:
100 % Klassiker!
Jetzt am Kiosk!
... oder online blättern und Vorteilspaket sichern unter www.autoclassic.de

GT3R hybrid
PORSCHE
INTELLIGENT
PERFORMANCE
MICHELIN
Mobil 1